KB076158

발의
신비

The Foot Book
By Jonathan D. Rose and Vincent J. Martorana

Copyright © 2011 The Johns Hopkins University Press
All rights reserved.

Original edition published in 2011 by The Johns Hopkins University Press, USA
Korean translation rights arranged with The Johns Hopkins University Press, USA and
Junghan Bookstore Publishing Co., Korea through PLS Agency, Korea.
Korean edition published in 2017 by Junghan Bookstore Publishing Co., Korea.

발의 신비

건강한 걸음을 위한
완벽한 길잡이

조너선 로즈, 빈센트 마토라나 지음 │ **정경옥** 옮김

정한
책방

일러두기

1. 본문 중 의학 분야의 전문용어는 KMLE 의학검색엔진(www.kmle.co.kr)을 참고했다.
2. 인명과 지명 등 외래어 표기는 국립국어원의 외래어표기법에 따랐고, 전문용어의 띄어쓰기는 한글맞춤법에 따랐다.

서문

손으로 매일 많은 일을 하는 우리는 발보다 손의 구조에 더 익숙하다. 그런데 발이 있어서 가능한 일을 생각해 보면, 발도 손 못지않게 귀중하고 놀라운 도구가 아닐 수 없다. 발, 발목 그리고 아랫다리는 우리 몸을 지지하고 이동하게 한다. 섬세하고 노련하고 기교적인 동작에 알맞은 손보다 발의 부피가 큰 이유는 그 때문일 것이다.

손에 비해 발은 뼈와 관절이 크고 넓으며 근육도 더 강하다. 손가락과 달리 작은 발가락 네 개는 따로 움직이지 못한다. 엄지발가락이 독립된 근육을 가지고 있다고 하지만 엄지손가락만큼 운동 범위가 넓지는 않다. 그래도 상관없다. 발가락으로 피아노를 연주하겠다고 마음먹는 사람은 거의 없을 테니까. 그저 발이 평생 동안 매일 체중을 지탱해 주고, 걷고 뛰고 춤추고 운동할 수 있게 해 주기만을 바랄 뿐이다. 단 하나, 발에 통증이나 불편을 느끼지 않고 그 모든 것을 했으면 한다. 하지만 보통 사람이 하루에 4,000 걸음, 1년이면 1500만 걸음을 걷고, 실제로는 그보다 더 걷는 사람이 많다는 사실을 생각하면, 우리가 발에 거는 기대는 결코 작지 않을 것이다.

발은 인체를 비추는 거울이라고 말한다. 몸의 혈관과 신경이 심장과 뇌에서 뻗어 나온 가지라면, 발은 그 가지의 가장 끝에 있다. 혈관이 혈액을 충분히 운반하지 못하거나 신경이 신호를 강하게 전달하지 못하면 그 가지의 끝에서 맨 먼저 문제가 드러난다. 따라서 발은 몸의 나머지 부분이 어떤 상태이고 무슨 문제가 있는지 그대로 보여 준다. 전신에 관련된 질병을 알리는 신호기인 셈이다. 발에 관심을 두어야 하는 것은 두말할 필요도 없다.

우리는 발과 발목을 전문적으로 진료하는 족부 전문의로서 매일같이 다른 사람들의 발을 들여다본다. 그리고 오랜 세월 동안 쌓은 경험을 바탕으로 사람들이 족부 전문의를 가장 많이 찾는 이유를 간추려 이 책을 썼다. 우리는 독자가 이 책을 전부 혹은 필요한 부분을 찾아 읽으면서 발을 더 잘 이해하고, 발에 생기는 문제의 원인과 치료에 관한 유용한 정보를 얻기 바란다. 이 책에 발과 발목에 관한 모든 것을 담지는 못했지만 병원에서 흔하게 접하는 발 관련 질환을 주로 다루었다. 그렇다고 이 책이 여러분의 주치의를 대신한다거나 족부 전문의를 배제하는 치료 안내서 역할을 할 수 있다는 것은 아니다. 그보다는 족부 전문의를 찾아가기 전에 필요한 정보를 참고하거나 진단을 받은 이후에 더 많은 것을 알고 싶을 때 이 책을 이용하기를 바란다. 그러니까 발이나 발목에 문제가 있거나 그럴지도 모른다고 생각하는 사람들, 환자의 가족, 그리고 자녀의 발에 생길 수 있는 문제나 자녀의 걸음걸이에 대해 염려하는 부모들을 위해 이 책이 탄생했다고 말하고 싶다.

이 책은 세 부분으로 구성되어 있다.

1부는 발의 발달과 구조, 발의 자세와 운동을 설명하는 다양한 용어, 걸음걸이 뒤에 숨은 역학을 소개한다. 아울러 개인이 할 수 있는 기본적인 발 관리, 발이나 발목 문제로 만날 수 있는 족부 전문가, 진료 전에 준비해야 하는 것, 가능한 진료와 검사에 관해 알려준다. 신발의 구조와 발에 맞는 신발을 고르는 방법도 설명한다.

2부는 아홉 장으로 이루어져 있으며 발가락, 발톱, 발꿈치 등 다양한 발 부위와 신경, 관절, 힘줄 등 발 내부의 특별한 구조와 관련된 문제를 다룬다. 각 장에는 다양한 문제와 질환, 그리고 문제의 원인, 증상, 진단, 치료 방법이 소개되어 있다.

3부는 어린이, 스포츠 애호가, 당뇨병 환자 등 특별한 발 문제를 가진 사람들에 중점을 두었다. 마지막 장에서는 교정기에 관한 설명을 덧붙였다. 맞춤식 아치 지지대, 고정기를 비롯해 발을 지지하고 재정렬하기 위해 많이 사용하는 장치의 정보가 담겨 있다. 마지막으로, 신뢰할 만한 정보가 있는 발 관련 협회와 웹사이트를 실었다.

22쪽의 그림만 제외하고 이 책에 실린 모든 그림과 사진 자료는 마토라나 박사가 직접 그리거나 수집한 것이다. 존스 홉킨스 대학 출판부의 그레그 니콜이 그림과 사진을 최종적으로 정리하는 데 도움을 주었다.

여러분이 발의 놀라운 비밀을 하나씩 알아 나가는 과정에서 이 책이 하나의 디딤돌이 되기를 바란다.

차례

사람들은 발의 이상이나 손상으로 통증을 느끼고 걷기가 불편해지기 전까지는 발에 대해 진지하게 생각하지 않는다. 발 건강, 발 이상, 발 손상에 관해 더 잘 알기 위한 첫 번째 단계는 정상적인 발과 발목의 운동 범위뿐만 아니라 발달과 구조에 관한 약간의 상식을 점검하는 것이다.

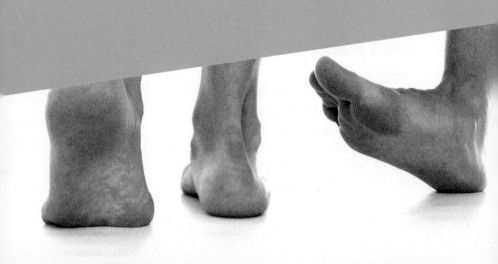

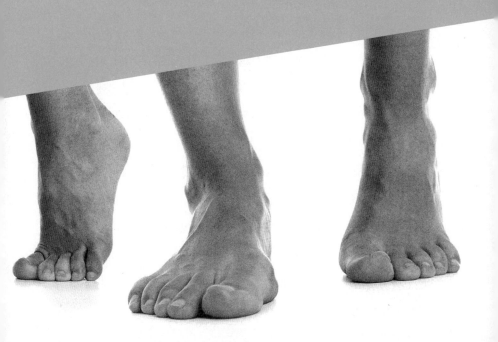

PART 1

발에 관한 상식

CHAPTER 01

발과
걸음걸이

우리는 걷기 전의 기억이 별로 없다. 아기는 누워 있다가 앉고, 기다가 일어서고, 그러다가 마침내 걷고 심지어는 뛰기 시작하는데, 기억은 그보다 한참 뒤에야 뿌리를 내리기 때문이다. 아이는 처음으로 뒤뚱거리며 걸음마를 떼면서 균형과 협응(신체 각 부위가 어떤 작업을 수행하기 위해 공동으로 작용하는 것-옮긴이), 근육과 관절, 다리와 발이 관여하는 복합적인 활동을 연습하기 시작한다. 많은 사람에게 걷기는 기본적이고 일상적인 활동이므로, 움직임에 어려움이 있는 사람을 제외한 대부분의 사람은 걸을 수 있는 능력을 당연하게 여긴다. 걷는 사람의 체중을 지지하며 걷기에 큰 역할을 하는 놀라운 인체 부위인 발도 당연하게 여긴다.

건강 문제에서 으레 그렇듯이 사람들은 발의 이상이나 손상으로 통증을 느끼고 걷기가 불편해지기 전까지는 발에 대해 진지하게 생각하지 않는다. 그러나 발 건강은 몸 전체 건강의 매우 중요한 요소이며, 잠재된 건강 문제를 예측하는 지표로 많은 역할을 한다. 따라서 항상 발을 살피고 건강하게 관리하는 방법을 알아둘 필요가 있다.

발 건강, 발 이상, 발 손상에 관해 더 잘 알기 위한 첫 번째 단계는 정상적인 발과 발목의 운동 범위뿐만 아니라 발달과 구조에 관한 약간의 상식을 점검하는 것이다.

「 태아기와 아동기 : 발의 발달 」

태아가 자궁 속에서 성장하면서 일련의 정상적인 변화가 일어나는데, 그 가운데에는 출생 이후, 아동기, 때로는 성인기에 도달할 때까지 계속되는 변화도 있다. 태아의 자세를 보면 엉덩이와 무릎이 바깥쪽으로 돌아가 있고 다리가 굽어 있다. 성인은 다리에 무릎에서 발목까지 바깥 방향의 정상적인 뒤틀림이 있지만 태아는 그렇지 않다. 발 자체는 흔히 C자 형태(모음^{내전}[adductus])이고, 발꿈치가 마주 보고 있으며, 아치가 아직 형성되지 않은 상태다.

이런 형태와 자세는 확실히 두 발로 걷기^{두 발 보행}(bipedal locomotion)에 불리하다. 그러나 아기가 성장하는 동안 많은 뒤틀림 변화가 발생한다. 넙다리^{대퇴}가 바깥쪽으로 비틀리면서 엉덩이가 안쪽으로 돌아오고 무릎이 앞쪽을 향하게 된다. 활 모양 다리의 돌출(충돌무릎^{양측}

^{외반슬}[knock-knee]) 정도가 줄어들면서 안짱다리로 진행되다가 마침내 곧게 펴진다. 이런 과정은 아이가 성장하고 발달하면서 여러 번 반복되는데, 대략 18세가 되어야 끝난다. 바깥쪽 뒤틀림이 무릎에서 발목까지 진행되면서 한 살 반에서 세 살이 되면 발목뼈가 위쪽의 다리뼈^{정강뼈}에 비해 15도 정도 바깥쪽을 향한 자세가 된다. 이후 발이 다시 회전하여 생후 몇 년 안에 발바닥과 다리가 수직이 되고 세 살에서 세 살 반 사이에 아치가 형성되기 시작한다.

성장 발달이 일찍 멈추거나 정상으로 판단하는 수준을 넘어 지속되면 문제가 발생한다. 그 결과 다리와 발의 자세가 달라져 발에 비정상적인 힘을 가하거나 발의 정상적인 기능을 방해하게 된다. 이런 발달상의 변형은 다양한 수준으로 발생한다. 가벼운 경우에는 신체가 보상(compensation)을 하므로 그 정도가 눈에 띄지 않을 수 있다. 실제로 작은 변화들이 여러 해 동안 눈에 띄지 않게 이루어지는 경우가 더 많다. 하지만 오랫동안 비정상적으로 정렬된 다리를 반복적으로 사용하면 문제가 따른다. 오히려 심각한 변형은 출생 시에 쉽게 눈에 띄고 의학적으로 확인할 수 있어 가장 효과적인 치료가 가능하다.

가벼운 변형이 있는 사람들이 가장 큰 문제인 것은 분명한 사실이다. 눈에 잘 띄지 않아서 아동기 발달 과정의 적절한 단계에 치료하기가 어렵기 때문이다. 이런 상태는 발꿈치가 지나치게 안쪽이나 바깥쪽을 향해 있거나(의학적으로는 각각 '내반'과 '외반'이라고 한다), 발이 발가락 안쪽^{안짱다리}이나 바깥쪽^{밭장다리}으로 돌아가거나, 다리 근육이 발을 위쪽으로 잡아당기고 있거나 아래로 처진 발을 끌어당기지 못하는 것 같은 정렬상의 변이를 말한다. 이와 같은 정렬 상태에 관해서는 다음 장에서 자세히 이야기할 것이다.

「 성인의 발 구조 」

발은 28개의 뼈로 이루어져 있다. 인간의 신체를 구성하는 뼈 가운데 4분의 1이 두 발에 있다. 발 뼈는 그림 1.1처럼 발등에서 아래로 내려다보는 각도에서 가장 이해하기 쉽다. 그림에서 보듯이 발은 앞발부, 중발부, 뒷발부로 나뉜다. 앞발부는 각각 2~3개의 끝마디뼈^{가락뼈}(phalanx, 집합적으로는 '발가락뼈[phalange]'라고 한다)가 있는 발가락과, 이 발가락에 붙은 긴 뼈인 '발허리뼈(metatarsal)'를 포함한다. 엄지발가락은 2개의 발가락뼈와 1개의 '발가락뼈사이 관절(interphalangeal joint)', 나머지 네 발가락은 3개의 발가락뼈와 2개의 발가락뼈사이 관절로 이루어져 있다. 발가락뼈는 발과 가장 가까운 순서로 몸쪽 발가락뼈, 중간 발가락뼈, 먼쪽 발가락뼈라고 한다. 발가락뼈사이 관절 역시 몸쪽 발가락뼈사이 관절, 먼쪽 발가락뼈사이 관절이라고 불린다. 발가락은 발볼 부분에 있는 '발허리뼈 관절(metatarsophalangeal joint)'을 가운데 두고 발허리뼈와 연결되어 있다. 그리고 첫째 발허리뼈 머리 아래에 '종자뼈(sesamoids)'라는 이름의 뼈 2개가 있다.

중발부는 모양과 크기가 다양한 발목뼈 5개로 구성되어 있다.

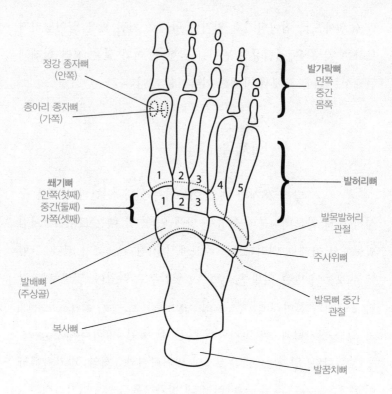

정강 종자뼈
(안쪽)

종아리 종자뼈
(가쪽)

발가락뼈
먼쪽
중간
몸쪽

쐐기뼈
안쪽(첫째)
중간(둘째)
가쪽(셋째)

1 2 3 4 5

1 2 3

발허리뼈

발목발허리
관절

주사위뼈

발배뼈
(주상골)

복사뼈

발목뼈 중간
관절

발꿈치뼈

그림 1.1 위에서 내려다본 발과 발목의 뼈 (오른발)

그림 1.2에서 보이듯이 발의 이 부분이 아치를 형성하고 스트레스나 충격을 흡수하는 역할을 한다. 뒷발부는 목말뼈와 발꿈치뼈 등 2개의 뼈와 3개의 관절로 이루어져 있다. 목말뼈는 '발목 관절(ankle joint)'을 통해 2개의 긴 아랫다리뼈와 연결되어 있다. 이 발목 관절은 발을 위아래로 움직일 수 있게 해 주는 경첩 역할을 한다. 발에서 가장 큰 뼈인 발꿈치뼈는 목말밑 관절을 사이에 두고 목말뼈와

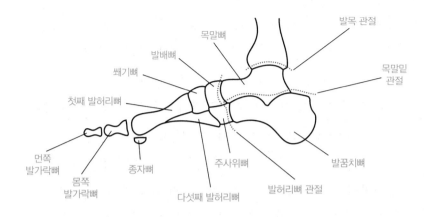

그림 1.2 **옆에서 본 발과 발목의 뼈 (오른발)**

이어져 있다. 뒷발부의 또 다른 관절은 발허리 관절이다. 이 관절
은 '발꿈치입방 관절(calcaneocuboid joint)'과 '목말발배 관절(talonavicular
joint)'의 2개로 구성되어 있는데, 발꿈치입방 관절은 사실상 발꿈치
뼈를 주사위뼈와 연결하며 목말발배 관절은 목말뼈를 '발배뼈^{주상골}
(navicular)'에 연결한다. 발허리 관절은 발꿈치와 연결되어 뒷발부를
중심으로 중발부를 안쪽이나 바깥쪽으로 움직일 수 있게 해 준다.
뒷발부의 관절은 발의 측면을 보여 주는 그림 1.2이나 후면을 보
여 주는 그림 1.3에서 확인할 수 있다.

　발과 발목에 있는 많은 관절은 뼈와 뼈가 만나는 곳마다 유연성
을 부여하여 운동을 가능하게 해 준다. 관절은 연골, 주머니^낭, 인
대, 힘줄 이렇게 네 종류의 조직으로 구성되어 있다. 관절에 있는
뼈의 끝부분을 에워싸고 있는 '연골(cartilage)'은 마모에 강한 단단한

조직으로, 관절이 움직이는 동안 뼈를 보호하고 완충하는 역할을 한다. 연골의 부드러운 표면 때문에 뼈들이 서로 최소한의 마찰을 일으키며 미끄러지듯이 움직일 수 있다. 사람들은 대체로 연골이 귀와 코에 있는 유연한 조직이라고 생각한다. 하지만 관절의 연골은 귀와 코의 연골보다 훨씬 단단한 특수 조직이다.

'주머니(capsule)'는 관절을 감싸고 지지하는 부드러운 조직이다. 관절이 쏙 들어가 있는 주머니를 상상하면 된다. 이 주머니의 안쪽면은 관절을 부드럽게 하여 마찰을 줄이는 액체를 분비하는 막으로 이루어져 있다. '인대(ligaments)'는 뼈와 뼈를 잇고 힘줄을 제자리

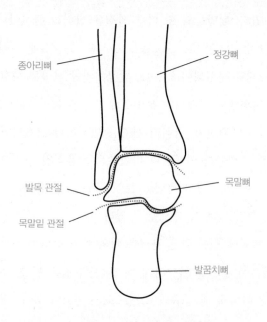

그림 1.3 **뒤에서 본 발과 발목의 뼈 (왼발)**

에 고정하여 관절의 안정화를 돕는 섬유 뭉치다. 발에 있는 가장 긴 인대는 '발바닥 근막(plantar fascia)'으로, 발꿈치 바닥에서 출발하여 발 아래를 지나 각 발가락의 기저로 들어간다. 발바닥 근막은 발의 아치를 지지하고 스트레스를 흡수하며 고정하는 데 도움을 준다.

'힘줄(tendons)'은 단단한 끈 같은 조직으로 근육을 발의 뼈와 관절에 연결한다. 관절은 이 힘줄에 의해 움직인다. 가장 크고 단단한 힘줄은 장딴지 근육을 발꿈치 뒤쪽에 연결하는 아킬레스 힘줄이다. 사람이 걸을 때 발꿈치를 땅에서 들어올리고 앞발부를 땅으로 내려놓는 것이 바로 이 아킬레스 힘줄이다. 이 힘줄이 강하기 때문에 발끝으로 뛰고 점프하고 서 있을 수 있다. 발에 있는 다른 힘줄은, 발가락을 들어올릴 때 쓰는 발가락 끝의 폄근 힘줄과, 발가락을 아래로 내릴 때 쓰는 발가락 바닥의 굽힘근 힘줄이다. 엄지발가락에는 굽힘근과 폄근 힘줄이 따로 있어서 독립적으로 움직일 수 있지만, 나머지 네 개의 발가락은 하나의 근육을 공유한다. 다시 말해 하나의 주요 힘줄에서 네 개의 폄근 힘줄 가닥 혹은 분지가 뻗어 나와 있다. 따라서 이 근육이 수축하면 네 발가락이 동시에 위로 올라간다. 마찬가지로, 이 발가락들은 굽힘근과 힘줄도 공유한다. '정강 힘줄(tibial tendon)'은 발이 몸의 중간선을 향해 안쪽으로 움직이기 쉽도록 해 주는 반면, '종아리 힘줄(peroneal tendon)'은 몸의 중간선에서 먼 쪽으로 움직일 수 있게 한다.

근육과 힘줄은 발의 형태를 결정할 뿐만 아니라 움직일 수 있게 한다. 발의 주요 근육들은 발을 위아래, 좌우로 움직이고, 발의 아치를 지지하며, 발가락을 펴거나 굽히며, 걸을 때 발가락으로 바닥을 밀어내게 해 준다.

「 자유롭게 움직이는 발 : 발의 움직임과 자세 」

지금 이 책을 읽으면서 한 발을 들어 위아래로 또 좌우로 움직여 보고 빙글 돌려 보자. 발이 건강하다면 발을 다양한 자세로 움직일 수 있다. 다음 장에서는 발의 운동과 자세에 관한 용어를 사용해서 발의 문제와 질환에 관해 자세히 설명하려고 한다. 따라서 여기서 그 용어들을 미리 정의해 두는 것이 좋을 것 같다.

정상적인 발(중립 자세)은 발과 무릎뼈가 앞쪽을 향해 있어서 발 위로 체중이 집중된다. 앞발부가 중발부나 뒷발부와 연결되어 움직이고, 뒷발부가 다리와 연결되어 움직인다. 발을 위아래, 좌우로 움직이거나 안과 밖으로 뒤집는 동작을 할 수 있다. 이런 동작마다 기술적인 용어가 있다. 좌우로 움직이는 동작의 명칭은 다음과 같다(그림 1.4).

- **모음**^{내전}(adduction): 발이 몸의 중간선을 향해 움직일 때. 예를 들어, 오른발이 왼쪽으로 움직이는 경우.
- **벌림**^{외전}(abduction): 발이 몸의 중간선에서 먼 쪽을 향해 움직일 때. 예를 들어, 오른발이 오른쪽으로 움직이는 경우.

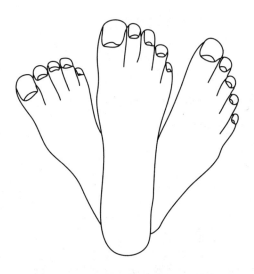

그림 1.4 **발의 모음 자세, 중립 자세, 벌림 자세 (왼쪽에서 오른쪽 순으로)**

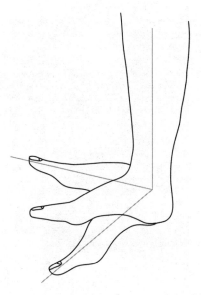

그림 1.5 **발의 발등 굽힘 자세, 중립 자세, 발바닥 굽힘 자세 (위쪽에서 아래쪽 순으로)**

몸의 중간선이란?

머리와 몸의 정중앙, 그리고 두 다리 사이로 가상의 수직선을 하나 그어 보기 바란다. 이것을 몸의 중간선(midline)이라고 한다. 발과 같은 각 신체 부위의 자세와 동작을 설명할 때, 중간선을 향해 있거나 중간선에서 멀리 있다고 한다.

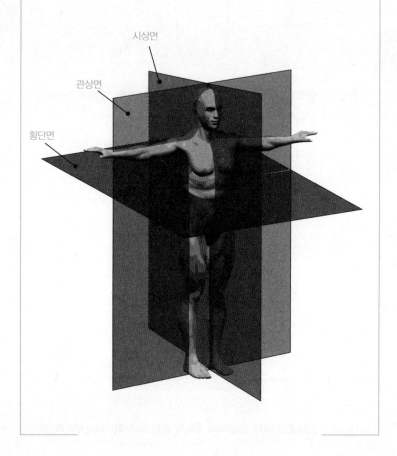

시상면

관상면

횡단면

위아래로 움직이는 동작의 명칭은 다음과 같다(그림 1.5).

- **발등 굽힘**(dorsiflexion): 발목을 발등 위의 정강이 쪽으로 굽힐 때('dorsal'은 발등을 가리킨다).

- **발바닥 굽힘**(plantarflexion): 발가락이 바닥을 가리킬 때까지 발목을 발바닥 쪽으로 굽힐 때('plantar'는 발바닥을 가리킨다).

안과 밖으로 뒤집는 동작의 명칭은 다음과 같다.

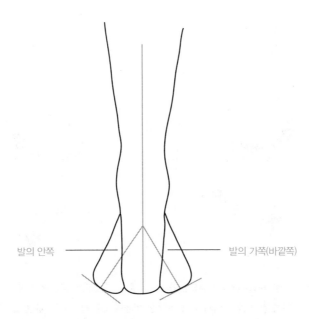

발의 안쪽 ———————   ———— 발의 가쪽(바깥쪽)

그림 1.6 **뒤쪽에서 보았을 때 발의 내번 자세, 중립 자세, 외번 자세 (왼쪽에서 오른쪽 순으로. 오른발)**

- **안쪽 번짐**^{내번}(inversion): 발바닥을 신체의 중간선을 향해 안쪽으로 돌릴 때. 결과적으로 체중이 바깥쪽 가장자리로 쏠린다.

- **바깥쪽 번짐**^{외번}(eversion): 발바닥을 신체의 중간선에서 먼 쪽으로 돌릴 때. 결과적으로 체중이 안쪽 가장자리나 아치로 쏠린다.

발이 이와 같은 방식으로 움직여 영구적으로 같은 자세로 굳어진다면 모음이나 벌림 자세, 발등 굽힘이나 발바닥 굽힘 자세, 혹은 내번이나 외번 자세라고 부른다.

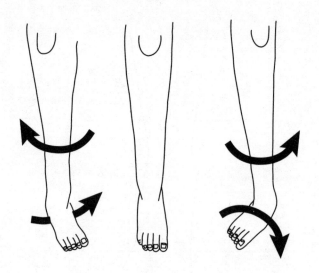

그림 1.7 오른다리의 세 가지 자세. 가운데는 중립 자세이며, 무릎뼈와 발이 모두 앞쪽을 향해 곧게 펴져 있다. 왼쪽은 바깥쪽으로 회전된 발(내전, 발바닥 굽힘, 내번)이고 다리는 가쪽으로 돌아가 있다. 오른쪽은 안쪽으로 회전된 발(외전, 발등 굽힘, 외번)이고 다리가 안쪽으로 돌아가 있다.

그림 1.7에서 볼 수 있듯이 발은 좌우와 위아래로 움직이고 안과 밖으로 뒤집는 동작을 한 번에 한 가지씩 혹은 한꺼번에 세 가지 모두 할 수 있다.

- **바깥쪽 회전**^{회외}(supination)은 모음^{내전}, 발바닥 굽힘, 안쪽 번짐^{내번}이 동시에 발생하는 발을 가리킨다. 따라서 발이 중간선을 향해 움직이면서 발가락이 아래를 향하고 체중이 바깥쪽으로 쏠려서 발바닥이 중간선을 향한다. 동시에 다리는 바깥쪽으로 돌아간다.
- **안쪽 회전**^{회내}(pronation)은 벌림^{외전}, 발등 굽힘, 바깥쪽 번짐^{외번}이 동시에 발생하는 발을 가리킨다. 따라서 발이 중간선에서 멀어지게 되고 발가락이 정강이 바깥쪽을 향하며 체중이 안쪽 가장자리로 쏠려서 발바닥이 중간선에서 멀어진다. 동시에 다리는 안쪽으로 돌아간다.

영구적으로 바깥쪽이나 안쪽으로 돌아간 자세를 가진 발은 몇 개의 발 관절에 스트레스를 준다. 그러나 바깥쪽 회전이나 안쪽 회전은 사람이 걸을 때 발이 자연스럽게 취하는 동작이기도 하다.

┌ **'정상적인' 발이란?** ┐

이 책에는 주로 발과 관련된 문제에 관한 설명이 실려 있다. 이런 문제가 인체에 미치는 영향을 완전히 이해하려면

'이상적'으로 정상적인 발을 가진 사람은 극히 드물다는 사실을 기억해야 한다. 일반적으로 정상적인 발을 측정할 때 도움이 되는 일곱 가지 기준이 있다.

1　뒤에서 보았을 때, 발꿈치가 다리와 일직선상에 놓여 있어야 한다. 즉, 뒷발부가 안쪽이나 바깥쪽으로 돌아가지 않아야 한다.

2　뒤에서 보았을 때, 앞발부가 뒷발부와 일직선상에 놓여야 한다. 즉, 앞발부가 안쪽이나 바깥쪽으로 돌아가지 않아야 한다.

3　위에서 보았을 때, 앞발부와 뒷발부가 일직선상에 놓여야 한다. 즉, 앞발부가 모음이나 벌림 자세가 되어서는 안 된다.

4　측면에서 보았을 때, 앞발부가 뒷발부보다 아래나 위에 있거나, 발이 다리보다 아래나 위에 있어서는 안 된다. 즉, 앞발이 발바닥 굽힘이나 발목 굽힘 자세가 되어서는 안 된다.

5　어떤 동작에서도 다리가 발의 움직임을 제한해서는 안 된다. 발을 안쪽이나 바깥쪽으로 휘게 할 수 있는 충돌무릎^{양측외반슬}이나 안짱다리이면 안 된다.

6　다리가 안쪽이나 바깥쪽으로 비틀어져서 엄지발가락 가쪽 휨증^{안짱다리}이나 밭장다리가 발생해서는 안 된다.

7　다리가 발의 위아래 운동을 제한해서는 안 된다. 무릎을 곧게 펴고 목말밑 관절(목말뼈와 발꿈치뼈 사이)이 중립일 때 적어도 10도 가량 위로 발을 굽힐 수 있어야 한다^{발등 굽힘}. 장딴지 근육이 뻣뻣하면 발을 위로 굽히지 못한다.

정상적인 발을 측정할 수 있는 이런 기준은 정렬 상태와 관련이 깊다. 발이 체중을 지탱할 뿐만 아니라 걷기와 뛰기를 포함한 다양한 활동을 고통 없이 할 수 있으려면 정렬 상태가 좋아야 한다. 위 기준은 이상적으로 정상인 상태의 발에 맞춘 것이다. 실제로 많은 발이 정상 범위의 기준을 모두 충족하지 못하면서도 특별한 증상이 없고 걷기나 뛰기에 제약을 받지 않는다. 신체가 다양한 정렬 상태를 조정하기 위해 가벼운 증상에 대해서는 보상을 시도하기 때문이다.

「 보행 : 우리가 발을 사용하는 방법 」

우리가 걸을 때 다리와 발은 걷기에 필요한 다양한 자세, 걸음걸이, 주기를 반복한다. '보행 주기'는 두 단계로 구성되어 있다. '디딤기(stance-phase)'는 발이 바닥에 닿는 시기를 말하며, 전체 주기의 60퍼센트에 해당한다. '흔듦기(swing-phase)'는 발이 땅에서 떨어질 때 발생하며, 주기의 40퍼센트에 해당한다. 디딤기에는 발이 세 가지 기본 자세로 움직인다. 다시 말해, 안쪽 회전, 중립, 바깥쪽 회전이 각각 적절한 때를 맞춰 일어난다. 발이 각 자세를 유지하는 시기와 이유를 이해하면 잘못된 걸음걸이가 발뿐만 아니라 그 위의 다리와 몸에 미칠 수 있는 영향을 알 수 있다.

안쪽으로 회전한[회내] 발은 관절을 풀거나 느슨하게 만든다. 이는 걸음을 시작하는 표면과의 첫 접촉에서 중요한 역할을 한다. 발이 불규칙한 지형에 적응할 수 있도록 해 주고 충격을 흡수해서 분산하기 때문이다. 그림 1.7에서 설명한 안쪽 회전은 아치를 낮추거나 압박하고, 발꿈치를 바깥쪽으로 기울이고, 앞발부가 뒷발부에 비해 바깥으로 움직이는 자세다. 발이 이런 변화를 거치는 동안 다리는 안쪽으로 회전한다.

중립 상태의 발은 관절이 가지런히 정렬되어 있고, 뒤쪽에서 볼 때 발꿈치와 다리가 수직이고 일직선상에 놓여 있다. 이 자세에서는 근육이 '안정 길이(resting length)'가 된다. 이는 생리학적으로 근육이 지지와 보행 기능을 제공하기에 가장 효율적인 길이다.

바깥쪽으로 회전한^{회외} 발은 관절들과 맞물리는데, 이때 발은 뻣뻣한 지렛대가 되어 근육을 수축시켜 몸이 앞으로 기울어지게 한다. 회외된 발은 충격 흡수에 매우 취약하다. 회외는 아치가 올라가거나 높아지고, 발꿈치가 안쪽으로 기울거나 안쪽을 향하고, 앞발부가 뒷발부에 비해 모아지거나 안쪽으로 움직이는 자세다. 이때 다리는 바깥쪽으로 회전한다.

보행 주기를 이야기할 때 두 발의 발꿈치 사이 간격이 도움이 된다. 이 간격은 한 발꿈치 중앙에서 다른 발꿈치 중앙까지의 길이를 말한다. 사람이 서 있을 때의 이 간격을 '디딤 기저(base of stance)'라고 한다. 평균적인 디딤 기저는 약 15~20센티미터이며, 안정성을 보장할 충분히 넓은 지지 기반이 된다. 밭장다리인 사람의 기저는 그보다 좁은 5~7센티미터 정도이며, 안짱다리인 사람은 그보다 훨씬 폭이 넓어서 25~30센티미터 이상이다. 넓거나 좁은 디딤 기저는 발의 기능에 극적인 영향을 미친다. 예를 들어, 안짱다리 자세는 발의 안쪽에 큰 압력을 가하여 발을 안쪽으로 돌리는 동작(아치를 높이는 동작)을 어렵게 해서 결과적으로 발이 바깥쪽으로 돌아가는 자세로 움직이게 만든다.

걸을 때의 뒤꿈치 간격도 똑같은 방식으로 측정하며, 이를 '걸음 기저(base of gait)'라고 한다. 걸음 기저는 디딤 기저보다 좁다. 걸을 때는 체중을 지탱하는 다리가 몸의 중심에 가까워져야 넘어지지 않기 때문이다. 평균 걸음 기저는 5센티미터 가량이며, 뛸 때는 0에 가까워진다. 달리기 시작하면 한 번에 한 발만 땅에 닿으므로 디딤기의 발이 몸의 중간선에 아주 가까워져야 하기 때문이다.

사람이 걷는 동안 발은 몸의 중간선에서 안쪽이나 바깥쪽으로 약간 돌아가는데, 이를 보행 각도라고 한다. 정상 각도는 바깥쪽으로 5도 정도다. 안짱다리나 밭장다리는 발, 발목, 다리, 심지어는 엉덩이 부위가 정렬이나 발달에서 이탈해서 발생할 수 있다. 지나친 안짱다리나 밭장다리 자세는 발에 비정상적인 힘을 가한다.

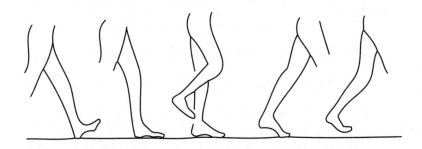

그림 1.8 **보행 주기의 디딤기: 뒤꿈치 닿기, 앞발부 닿기, 중간 디딤기, 뒤꿈치 떼기, 발가락 떼기 (왼쪽에서 오른쪽 순으로)**

우리는 보행 주기의 두 단계인 디딤기와 흔듦기 가운데 디딤기 단계에 중점을 둔다. 발이 바닥과 접촉하면서 다양한 자세를 거치기 때문이다. 불완전한 생체 역학은 디딤기 단계에서 발에 가장 심각한 영향을 준다. 이 문제는 4장에서 더 자세하게 살펴보자.

그림 1.8에서 보듯이 디딤기는 뒤꿈치 닿기, 앞발부 닿기, 중간 디딤기, 뒤꿈치 떼기, 발가락 떼기의 다섯 단계로 구성되어 있다. 디딤기 단계는 뒤꿈치가 땅에 닿으면서 시작된다. 흔듦기 단계가 끝나자마자 엉덩이가 펴지고, 무릎이 늘어나고, 발목과 발바닥이 위를 향한다. 발이 바깥으로 돌아간 회내 자세 때문에 아치가 높아지고 뒤꿈치가 뒤집어지므로 자연히 뒤꿈치의 바깥 가장자리부터 바닥에 닿는다. 바깥으로 돌아간 발이 바닥에 닿는 자세나 좁은 보행 주기는 뒤꿈치의 바깥 가장자리를 먼저 땅에 닿게 한다. 그래서 신발 굽의 바깥쪽 부분이 많이 닳는다. 뒤꿈치가 땅에 닿자마자 엉덩이와 무릎이 순간적으로 휘어^{굴어} 충격을 흡수하고 다리 앞쪽 근육들이 땅을 향하는 발의 진행을 늦춘다.

앞발부가 땅에 닿으면서 발은 회외에서 회내 자세로 바뀌기 시작한다. 아치의 높이가 줄어들고 뒤꿈치가 뒤로 뒤집히면서^{외번} 앞발이 돌아가고^{외전}, 결과적으로 충격을 더 많이 흡수하고 분산한다. 이제 발은 최대한으로 회내하면서 관절을 풀어 주고 다양한 지형에 유동적으로 적응하게 된다. 탄력 가속도가 반대편 엉덩이를 앞쪽으로 끌어당겨서 디딤기 단계의 다리를 바깥으로 돌리고^{회외} 발을 중간 디딤기의 중립 자세로 바꾼다.

중간 디딤기에서는 엉덩이 관절에서 아래의 발가락뼈사이 관절에 이르기까지 모든 관절이 중립 자세를 유지한다. 몸은 발 바로 위에 있고 모든 다리와 발 근육이 안정 길이에 접어든다. 그동안 몸을 앞으로 추진하는 능동적인 과정을 시작하기 위한 준비를 한다. 곧이어 몸이 앞을 향해 움직이면서 탄력을 충분히 얻은 장딴지 근육이 몸을 발 앞으로 밀어낸다.

뒤꿈치가 땅에서 떨어지면 발목이 휘어서 발등이 다리와 가까워진다^{발등 굽힘}. 그동안 무릎은 곧게 펴지고 목말밑 관절이 회외 자세에 돌입한다. 뒤꿈치가 땅에서 떨어져 있는 동안 발가락이 위로 굽으면서 발바닥 근막의 인대가 팽팽해지고 결과적으로 높이가 증가한 아치에 힘이 들어간다.

발가락을 뗄 때까지 주기가 진행되는 동안 장딴지 근육과 발가락 굽힘근이 수축하기 시작하면서 발과 발가락을 아래로 누르고 몸을 앞으로 추진하도록 해 준다.

한 발이 바닥에 닿아 디딤기에 돌입하는 동안 다른 발은 흔듦기에 접어든다. 발이 흔듦기를 거치는 동안 다리 앞쪽의 근육과 발가락 폄근은 발을 땅에서 떼고 발가락이 바닥에 닿지 않도록 적극적으로 작용한다.

신체가 보행 주기를 이어가는 동안 체중은 발바닥 전체를 이동한다. 정상적인 과정은 처음 바닥에 닿는 뒤꿈치 바깥 부위에서 시작한다. 앞발부가 땅에 닿으면서 체중은 뒤꿈치에서 다섯째 발허리뼈 머리까지 발 바깥 부분을 따라 이동한다. 중간 디딤기에는 뒤꿈치, 발볼, 발가락을 포함해서 발바닥 전체로 체중이 고르게 분산된다. 뒤꿈치가 바닥에서 떨어질 때 체중이 발허리뼈 머리에 실렸다가 마지막으로 발가락을 떼는 단계에서 엄지발가락 끝으로 이동한다.

CHAPTER 02

개인과 전문가의
발 관리

이 책은 무엇이 발에 문제를 일으키는지, 문제가 왜 발생하는지, 그리고 문제를 바로잡거나 치료하기 위해 어떻게 해야 하는지를 주로 담고 있다. 발의 장애와 질환은 유전적인 특성, 기존에 앓고 있던 질병 혹은 충격적인 외상에서 비롯되는데, 항상 예측하거나 예방하기가 쉽지 않다. 그러나 다음에 살펴볼 기본적인 발 관리 수칙 몇 가지만 조심한다면 피할 수 있는 장애도 있다.

발 관리에 주의를 기울인다고 하더라도 발 관련 문제로 의료 전문가의 도움이 필요해질 때가 있다. 그러므로 다양한 전문가를 알고 그들에게 어떤 도움을 받을 수 있는지 알아두는 것도 중요하다. 의료 전문가를 찾아가기 전에 예측과 사전 준비를 하고 진료 약속을 잡는 것이 좋다. 이 장의 뒷부분에서 그런 문제에 관해 이야기한다.

「 개인의 발 관리 수칙 」

누구나 간편한 관리법만 지키면 발을 건강하게 지킬 수 있다. 한번 살펴보자.

해야 할 일

- 매일 물과 부드러운 비누로 발과 발가락 사이를 씻는다.

- 씻고 난 뒤에는 발과 발가락 사이를 잘 말린다.

- 씻고 난 뒤에 발에 보습을 하되, 발가락 사이는 제외한다.

- 발톱 끝을 둥글지 않게 직선으로 다듬는다.

- 발을 정기적으로 살핀다(당뇨병이 있거나 발 감각이 둔한 경우에는 매일 살펴야 한다). 베인 상처, 물집, 감염 증상, 건조하거나 각질이 있는 피부, 이물질, 점이나 기타 피부 자국의 변화, 발톱의 변화 등을 확인한다.

- 발에 잘 맞고 용도에 맞게 만들어진 신발을 신는다. 오픈토 슈즈, 샌들, 플립플롭을 신을 때는 주의한다. 그런 신발을 신고 에스컬레이터와 승강기를 타다가 다칠 수 있다.

- 신발이 충분히 건조될 수 있도록 매일 바꿔 신는다.

- 잘 먹고, 운동하고, 흡연을 삼가면서 전체적인 건강을 유지한다.

하지 말아야 할 일

- 발을 다치거나 감염 우려가 있으므로 맨발로 걷지 않는다.

- 발에 끼거나 잘 맞지 않는 신발을 신지 않는다. 그런 신발은 물집 발생부터

구조와 형태의 심각한 변형에 이르기까지 다양한 문제를 일으킨다.

- 피부와 발톱의 곰팡이 감염 우려가 있으므로 다른 사람과 신발을 함께 신지 않는다. 신발이 닳으면 고유의 지지와 완충 기능을 잃는다. 그리고 개인의 구조와 기능에 따라 마모 상태가 다르다. 신발을 함께 신으면 발을 완전히 다른 자세로 밀어 넣는 것과 같다. 예를 들어, 회외된 발은 신발의 안쪽 가장자리를 지나치게 닳게 하는데, 회내된 발을 가진 사람이 이런 신발을 신으면 심각한 손상을 입을 수 있다.

- 족욕을 피한다. 피부가 건조해져서 상처가 감염될 위험(물이나 욕조에는 박테리아가 있다)이 커질 수 있다. 발을 물에 담그고 느긋한 기분을 즐기고 싶다면 각질이 일어나거나 갈라지거나 벌어지는 등 피부 손상이 없는 경우에 한해 일주일에 2~3회, 10~15분 정도의 제한적인 족욕을 하는 것이 좋다.

- 감염을 자가 치료해서는 안 된다. 건강한 사람의 발에서도 감염이 빠르게 퍼지고 악화될 수 있다. 당뇨병이 없는 상태라면 베인 상처나 피부가 벗겨지는 것 정도는 치료할 수 있지만 당뇨병, 혈액순환 장애 혹은 면역계에 문제가 있거나, 감염 부위에 이상이 있는 경우라면 의학적인 치료를 받아야 한다.

- 일반의약품인 코르티손(관절염 등으로 인한 부종을 줄이기 위해 쓰이는 호르몬의 일종—옮긴이)이나 기타 스테로이드 크림을 개방창이나 찰과상에 사용해서는 안 된다. 스테로이드는 상처 치유를 방해하고 감염을 악화시킬 수 있다. 스테로이드 크림은 발진을 치료하거나 발적^{피부 붉어짐}, 가려움증 해소 등 피부염에 효과가 있다.

- 곰팡이나 크기, 모양, 외관 혹은 색깔이 변하거나 출혈이 시작되는 피부 증상을 간과해서는 안 된다. 피부암일 가능성도 있기 때문이다. 피부암은 빨리 발

견할수록 치료 결과가 좋다.

- 2～3일간 지속되는 통증이나 증상을 무시하면 안 된다. 신체는 이상이 있을 때 신호를 보낸다.

통증이 없고 이동과 활동에 문제가 없는 건강한 사람은 정기적인 발 검진을 받을 필요가 없다. 그러나 당뇨병, 혈액순환 장애, 면역계 문제, 장딴지나 발의 감각이 둔해지는 신경계 이상 징후가 있는 사람은 발 문제를 암시하는 특별한 징후나 증상이 없더라도 정기적으로 외과를 방문하여 발 검진을 받아야 한다.

다른 부위가 건강하더라도 다음과 같은 증상을 경험하거나 인지하는 경우에는 의학적인 검사를 받아야 한다.

- 발에 지속적인 통증을 느끼거나 발이 붓는 경우
- 피부나 발톱의 색깔이 정상적이지 않은 경우
- 발이나 발목 부위에 치유가 늦거나 치료되지 않은 상처가 있는 경우
- 발이 화끈거리거나 따끔거리는 경우
- 발이나 발목에 활동이 점점 어려워질 정도의 통증을 느끼는 경우
- 발의 아치가 편평해지는 경우
- 발이나 발목에 있는 곰팡이균 감염 부위의 외관이 변화하는 경우
- 발이나 발목에 혹이나 부풀어오른 자국이 있고 그 크기가 커지거나 통증이 생기는 경우
- 발이나 발목에 이물질이 들어간 경우

「 족부 전문의는 어떤 사람일까 」

발과 발목에 문제가 있는 사람에게 관리 방법을 의학적으로 조언하는 사람을 발/발목 전문의 혹은 족부 전문의라고 한다.(우리나라에서는 족부 족관절 전문의라고 부르고 있다.-옮긴이) 이 책에서는 간단하게 족부 전문의라는 명칭을 사용한다. 족부 전문의는 발과 발목, 그리고 발과 관련된 다리 부위에 영향을 주는 질환을 진단하고 치료한다. 이들은 모든 연령대에서 발생하는 다양한 장애를 진료하며, 필요할 때는 외과적인 치료를 실시한다.

족부 외과 전문의와 족부 의학 전문의라는 말을 들어 본 독자도 있을 것이다. 과거에는 족부 전문의 수련 과정에 구분이 있었다. 족부 의학과를 졸업하면 일부는 비외과에서, 또 일부는 외과에서 수련을 받았다. 그러나 교육 과정이 바뀌어 지금은 족부 의학과의 졸업생은 모두 3년 동안 외과 수련을 받아야 한다. 족부 외과 수련의는 3년간 발과 발목에서 발생하는 질병의 의학적이고 외과적인 관리에 관한 교육을 받는다. 수술하지 않고 진료만 하는 족부 전문의, 곧 족부 의학 전문의도 아직 남아 있다. 수술을 하는 족부 전문의는 족부 의학 전문의일 뿐만 아니라 족부 외과 전문의일 수도 있다. 미국족부외과협회는 족부 외과 전문의에게 자격을 부여하는 기관으로, 미국족부의학협회의 인정을 받고 있다.(우리나라는 상황이 다르다. 우선 대한족부족관절학회는 족부 및 족관절 전문의 자격을 줄 수 없는 대신 족부 전문의 자격이 있으면 정회원으로 입회할 수 있다.-옮긴이)

족부 전문의를 만나고 싶다면 먼저 1차 진료를 받는 의사나 다른 의학 전문가에게 추천해 달라고 부탁하는 것이 좋다. 다른 환자들과 경험을 공유해도 도움이 된다. 그도 아니면 지역 병원에 연락해서 그곳에 근무하는 족부 전문가에 관해 문의하거나 미국 족부외과협회에 연락해서 해당 지역의 공인된 족부 외과 전문의의 명단을 요청하는 방법도 있다. 발이나 발목 문제로 수술 치료를 고려하고 있다면 추천받은 족부 외과 전문의가 미국족부외과협회의 인증을 받았는지 확인해 보기 바란다. 책 마지막 부분의 참고 자료에 다양한 협회의 연락처 정보를 실어 놓았다.(우리나라 협회 정보도 참고 자료에 추가로 정리해 두었다. - 옮긴이)

다른 의사들과 마찬가지로, 족부 전문의는 다른 전문 분야의 의학 전문가들과 교류하면서 환자들을 소개해 주기도 한다. 이 책에서는 혈관외과 전문의(혈관계와 림프계), 신경과 전문의(신경과 신경계), 류마티스 질환 전문의(근육, 힘줄, 관절, 특히 관절염), 내분비 전문의(췌장[당뇨], 갑상선을 비롯한 분비선, 호르몬), 종양 전문의(종양, 암), 피부과 전문의(피부) 등 다양한 전문가를 언급할 것이다. 근육과 관절의 기능을 회복하고 개선하도록 도와줄 물리치료사, 맞춤 교정기와 신발을 제작하는 신발 교정사 혹은 교정 전문가 또한 설명하려고 한다.

「 준비하기 : 진료 약속 전에 해야 할 일 」

족부 전문의에게 진료 예약을 했다면 병원 방문을

위한 준비가 필요하다. 현재 복용 중인 약물의 목록이나 약병을 모두 가져가는 것이 좋다. 알레르기가 있으면 관련 자료도 가져갈 필요가 있다. 족부 전문의에게 X선, 자기공명영상(MRI), 컴퓨터단층촬영(CT) 혹은 혈액 검사 등 과거에 받은 검사에 관해 알리고, 검사를 시행한 의료인이 작성한 결과지뿐 아니라 실제 필름이나 검토 결과를 보여 주면 큰 도움이 된다. 과거에 진료를 받은 의사에게 진료 기록을 족부 전문의에게 보내 달라고 요청할 수 있으면 더 좋다(이때는 자신의 진료 기록을 보내도 좋다는 동의서에 서명해야 한다). 마지막으로, 1차 의료기관이나 기타 기관이 환자를 전문의에게 추천하는 진료 의뢰서를 보험회사에서 요구하는 경우에는 적절한 서류를 준비해야 한다.(민간의료보험이 일반화된 미국과 달리 우리나라에서는 병원에서 발급한 진료의뢰서를 보험회사에서 요구하는 경우가 거의 없다. -옮긴이)

당연한 말이지만, 족부 전문의를 만나기 전에 발을 씻고 깨끗한 양말을 신기 바란다. 땀을 많이 흘리는 경우에는 발에 소량의 파우더를 뿌리는 것도 좋다. 특히 첫 방문에서는 발가락이나 발톱과 관련된 문제가 아니더라도 발톱에 바른 페디큐어를 지우도록 한다. 의사가 발톱 상태를 봐야 하는 경우도 있는데, 가끔은 발톱이 진단의 실마리를 줄 수도 있기 때문이다. 족부 전문의가 종아리 부분을 살펴볼 수 있도록 헐렁한 바지를 입고 가는 것이 바람직하다. 반바지와 치마도 괜찮지만, 짧은 치마는 되도록이면 피해야 한다. 발 검사를 받기 위해 앉아야 하는데, 그 자세 때문에 환자와 의사 모두 민망해질 수 있다.

전문의와의 약속에 앞서 다양한 질문에 답변할 준비를 하는 것이 좋다. 족부 전문의는 환자에게 어떤 증상을 겪고 있는지, 구체적인 통증 위치, 문제나 증상이 심해지거나 약해지는 시기 혹은 그동안 시도했던 치료 방법에 관해 질문을 할 것이다. 그뿐만 아니라, 같은 문제로 어떤 전문의의 진료를 받았는지 물어볼 수도 있다.

　족부 전문의는 환자에게 진료와 수술 기록을 자세하게 알려 달라는 요구도 할 것이다. 개인적이거나 발의 증상과는 상관없어 보이는 질문이라도 대답하는 것이 좋다. 예를 들어, 뒤꿈치 통증은 염증이 있는 관절 때문일 수 있는데, 이는 충혈된 눈, 소변 볼 때의 얼얼한 느낌, 피부 발진 같은 증상으로 나타날 수 있다. 모든 질문에 솔직하고 정확하게 대답해서 족부 전문의가 정확한 진단을 내리고 가장 적절한 치료 방법을 찾을 수 있게 해야 한다. 치료 일정에 참고해야 할 활동이나 여행도 말해 주어야 한다. 병원에 가기 전에 잊어버리지 않도록 기록하는 것도 좋은 방법이다.

　일반적으로 족부 전문의의 진료에는 건강보험이 적용된다. 단, 발톱과 굳은살 제거는 예외다. 그러나 신경계와 혈관계 장애를 포함한 특정 질환이 있는 환자들은 발톱과 굳은살 제거에도 보험을 적용받을 수 있다. 노인의료보험제도는 당뇨병 환자가 발에 정상적인 감각을 잃었거나 혈액순환이 좋지 못할 경우에 이런 혜택을 제공한다. 대부분의 건강보험은 교정에 대한 의료비를 보장하지만 그렇지 않은 경우도 있다. 교정이 치료 일정에 포함되어 있다면 보험 회사에 연락해서 적용 범위에 관해 알아보아야 한다. 족부 전문 병원의 직원도 환자를 대신해서 이 문제를 확인해 줄 수 있을 것이다.

「 진료 과정 예측 」

족부 전문의와 면담할 때도 다른 의료 전문가들과 만날 때 일어나는 일반적인 일들이 발생한다. 먼저 환자는 보험 관련 정보, 긴급 연락처, 의료 기록과 관련된 서류를 작성해 달라는 요구를 받을 것이다. 족부 전문의는 과거 병력과 수술, 현재의 의료 상태 등 의료 기록 전체를 알고자 한다. 발과 발목을 진찰하면서 환자가 설명하는 증상도 확인한다. 그뿐만 아니라 환자의 신발을 살펴보고 보행 상태를 파악하기 위해 진료실 안에서 앞으로 또 뒤로 걸어 보라고 할 수도 있다. 필요하면 X선을 찍거나(진료실 안에 X선 장비가 설치된 경우), 담당자에게 X선이나 기타 영상 검사를 받으라고 할 것이다.

발 상태에 따라 족부 전문의가 실시할 수 있는 검사와 진료의 종류는 아주 다양한데, 여기서는 일반적인 검사에 속하는 것을 간략하게 설명하려고 한다. 특정 질환을 진단하기 위해 관례적으로 이루어지는 추가 검사에 관해서는 다음 장에서 소개할 것이다.

관 검사로는 순환계를 평가한다. 검사자는 발의 맥박을 확인하고, 피부 발적을 살펴보고, 모세혈관 충전 검사를 실시한다. 모세혈관 충전 검사는 혈액이 얼마나 빨리 비어 있는 모세혈관을 채우는지 알아보는 것으로, 부드러운 패드로 발가락이 하얗게 변할 때까지 누르고 있다가 놓고서 얼마 만에 원래 피부색으로 돌아오는지 측정하는 검사다. 이때 3초를 넘지 않아야 정상이다.

신경계 검사에서는 반사 작용, 튜닝 포크^{소리굴쇠}를 피부에 대고 측정하는 진동 감각, 시메스-와인스타인 모노필라멘트라는 부드러운 나일론 와이어로 발과 발목의 다양한 부위를 건드릴 때의 감각 등을 확인한다.

근골격 검사에서는 근육의 힘과 기능을 측정하고, 발과 발목, 다리의 정렬 오류를 평가하며, 뼈의 과다 성장을 파악한다. 아울러 관절의 경직도와 운동 범위도 측정한다.

피부 검사로는 피부색 이상, 온도, 발적, 모세혈관 분포, 곰팡이, 정맥 이상 등을 측정하다.

만일 상담 중에 의사가 질문하고 환자의 대답을 기록한다고 부끄럽게 생각하지 않기 바란다. 족부 전문의는 잘못된 것을 찾아서 문제의 성격을 파악하고 예측하며, 문제의 원인, 가능한 치료법을 환자에게 설명하는 사람이다. 어떤 문제에 대해 잘 이해되지 않으면 질문을 해서 명확하게 알아야 한다. 문제를 악화시키거나 치료 후 재발을 막기 위해 하거나 해서는 안 될 것을 알아둘 필요가 있다. 전문의가 어떤 치료 방법을 제안하면 그것이 일을 하거나 일상 활동을 하는 데 적당한지 판단해야 한다. 족부 전문의가 약을 복용하라고 권한다면 그 약의 부작용과 복용 중인 다른 약과의 상호작용에 관해 물어보아야 한다. 수술이 가능하다면 보존 치료를 먼저 시도할 수 있는지, 수술 성공 가능성이 어느 정도인지, 회복 기간은 얼마나 걸리는지, 회복 과정에 어떤 것이 필요한지(가령 석고 붕대를 착용해야 하거나 물리요법이 필요할 수도 있다) 알아보는 것이 좋다. 치료 방법, 그 가운데서도 특히 수술 치료를 고려할 때는 위험성을 감수하고 얻을 수 있는 이점이 무엇인지 가늠해야 한다. 족부 전문의가 이런 사항들을 이해하도록 돕지만 결국 특정한 치료법을 결정하는 사람은 환자 본인이다. 결정하기 앞서 자신의 의학적 건강 상태, 연령, 활동 수준, 치료의 이점에 관해 충분히 생각해야 한다.

족부 전문의와 면담을 마무리할 때는 자신의 발이나 발목 상태 때문에 나빠질 수 있는 부분에 관해 더 많은 정보를 파악해야 한다. 족부 전문의가 다른 전문의에게 더 정밀한 검사를 받도록 추천하거나, 다른 기관에서 X선, MRI 혹은 다른 검사를 받아야 하는 경우에는 완전한 진단을 내리기 어려운 상황이라고 보아야 한다. 그러나 내향성 발톱, 사마귀, 티눈, 굳은살, 뒤꿈치 통증 등 이 책에서 이야기한 많은 발 질환은 첫 방문 때 치료할 수 있다. 치료를 시작하고 나서 적어도 증상이 사라질 때까지 계속해서 다음 진료 일정을 잡아야 한다.

환자라면 으레 다른 소견을 구하거나 2차 의견을 듣기 위해 다른 의학 전문가를 찾고 싶어진다. 지금 받는 치료가 만족스럽지 않거나, 전문의와 의사소통하는 데 불편하거나, 문화적 차이가 환자와 의사의 관계를 방해한다면 다른 전문의를 찾아볼 것을 권한다. 족부 전문의를 돕는 직원과 의사소통이 힘들다면 의사와 상의해야 한다. 발과 발목에 광범위한 재건 수술을 할지 말지 결정해야 하는 상황이라면 2차 의견을 들어 볼 것을 추천한다. 경험이 있는 전문의라면 환자가 2차 의견을 요청할 때 환영할 것이다.

CHAPTER 03

어떤 신발을
신어야 할까

거의 모든 사람이 한 종류 이상의 신발을 신는다. 발에 정말 필요한 것보다는 패션을 생각하고 선택하는 경우도 있지만, 대개는 다양한 활동에 알맞은 다양한 신발을 고른다. 신발과 관련해서 중요한 점은 그것이 발을 지지하고, 발의 충격을 흡수하고, 발을 보호하느냐이다. 서 있거나 걷거나 뛰거나 다른 어떤 것을 하든 발에 잘 맞고 활동하기 적당한 신발을 신는다면 정상적인 발의 기능을 높이고 필요한 안정성과 지지를 얻을 수 있다. 이 장에서는 신발의 구조와 신발을 디자인하는 과정, 신발이 잘 맞는지 알아보는 방법, 주의해서 신어야 할 신발 몇 종류를 알아볼 것이다. 어린이, 스포츠 애호가, 당뇨병 환자에게 맞는 신발의 구체적인 정보는 각각 13장, 14장, 15장에서 소개한다.

신발은 단순하게 발을 감싸는 것이 아니다. 신발의 역할을 제대로 알려면 먼저 밑창, 갑피, 굽, 뒤축, 선심(발가락이 들어가는 부분—옮긴이), 허리쇠, 골 등 신발의 각 부분이 어떻게 발의 기능을 향상시키는지 이해해야 한다.

신발의 바닥 혹은 밑창은 안창, 겉창, 중창의 세 부분으로 나뉜다. 안창은 신발 내부에서 발과 직접 닿는 층이다. 지지력이 더 있거나 편안한 기성품 안창이나 맞춤식 교정기로 대체할 수 있다. 충격 흡수를 높이거나 발의 특수 부위에서 하중을 덜기 위해 안창을 개조하기도 한다.

겉창은 땅과 접촉하고 마찰력이나 흡착력을 제공한다. 대개 정장화에서는 겉창을 가죽으로, 캐주얼이나 선수용 신발에서는 고무로 만든다. 겉창은 압력을 줄이고 더욱 기능적인 보행이 가능하도록 개조할 수 있다. 발가락과 앞발부의 압력을 줄이기 위해 둥근 안창(rocker sole), 발허리뼈 지지대, 철판이나 탄소섬유판 보강재를 사용하기도 한다. 발을 조금 더 회외 자세, 즉 체중을 바깥쪽 가장자리로 옮겨주는 자세나 회내 자세, 즉 체중을 안쪽 가장자리로 옮겨주는 자세로 바꾸기 위해 겉창의 내부나 외부에 쐐기 모양의 굽을 덧대는 경우도 있다.

중창은 말 그대로 안창과 겉창 사이의 층을 가리킨다. 완충작용을 하고 신발의 안정성을 높인다. 중창은 발가락이 발과 만나는 지점에서 접히거나 휘어져야 한다. 발이 안쪽으로 회전하기^{회내} 쉽도록 중창을 변경해 아치를 강화할 수도 있다. 뒤꿈치 부분에 쐐기 모양 패드를 덧대 안정성을 높이는 방법도 있다. 겉창이나 중창 개조는 처방이 필요하며, 교정 전문가, 신발 교정사 혹은 족부기공사에 의해 전문화된 작업장에서 이루어진다.

갑피나 선포(갑피의 앞부분-옮긴이)는 신발을 발에 고정하는 역할을 한다. 끈을 매는 신발의 경우, 끈도 갑피에 속한다. 이상적인 갑피는 패딩이 덧대어져 발등에 전달되는 충격을 흡수할 수 있어야 한다. 스포츠용 신발에는 가볍고 통기성 좋은 갑피가 필요하다. 발에 문제가 있는 사람에게는 부드럽고 신축성 있는 재료를 사용해서 발가락의 자극을 줄일 수 있는 갑피가 좋다.

신발 뒤쪽 아랫부분을 가리키는 '굽'은 완충작용을 하고 안정성을 주며, 발꿈치 부분을 높이는 역할도 한다. 굽을 변경할 수도 있는데, 충격을 완화하기 위해 완충제를 삽입하거나 팽팽한 인대나 짧은 다리를 보상하기 위해 굽을 높이거나 혹은 발이 안쪽이나 바깥쪽으로 돌아가는 것을 막기 위해 쐐기를 보강하는 방법 등이 있다.

뒤축 혹은 힐컵(hee cup)은 컵 모양의 강화판으로 뒷부분과 굽 부분을 지탱한다. 지지 역할 외에도 뒤꿈치의 지나친 움직임을 제한한다. 모든 신발에 이 뒤축을 단단하게 하는 고정판이 있다. 뒤축이 적절하지 않은 신발은 정렬 상태가 나빠진 발의 힘을 견디지 못한다. 결국 그림 3.1처럼 발의 형태를 무너뜨려 신발을 심각하

그림 3.1 **부적절한 뒤축이 발의 회내를 일으켜 신발의 형태를 망가뜨렸다. 좋은 신발은 발이 가하는 비정상적인 힘을 조절하는 지지대 역할을 한다.**

게 변형시킨다.

'선심'은 신발의 앞부분으로 사각형이나 원형 혹은 뾰족한 모양으로 만들어진다. 발가락이 들어갈 공간을 확보하고 앞발부의 문제를 해결하기 위해 신발의 너비와 깊이를 변경하여 이른바 깊이가 추가된 신발(extra-depth shoes)을 만들 수 있다.

'허리쇠'는 굽과 선심을 연결하는 밑창의 일부분이다. 신발의 아치 아랫부분이 찌그러지지 않을 정도로 단단해야 하므로 주로 플라스틱이나 쇠로 제작된다.

신발의 '골'은 전체적인 모양을 결정한다. 골은 사람의 평균적인 발 모양에 맞추어 아치 부분에서 곡선을 이루며, 오른쪽과 왼쪽 신발을 구분하는 데 도움이 된다. 특히 어린이 신발에서 발의 변형을 바로잡거나 교정된 발을 적절한 자세로 유지하도록 골을 변경할 수 있다.

「 패션보다 중요한 기능 : 신발 디자인 」

신발을 디자인할 때는 다양한 요소를 고려한다. 특히 중요한 한 가지 요소는 발 사이의 거리다. 이 거리는 한 사람이 서 있느냐, 걷느냐, 뛰느냐에 따라 다양해진다. 디딤 기저는 선 자세에서 두 뒤꿈치의 중심 사이 거리이며, 걸음 기저는 걷거나 뛸 때의 두 뒤꿈치 사이 거리다. 디딤 기저는 15~20센티미터 정도가 안정적이다. 걷고 뛸 때의 걸음 기저는 그보다 좁아지는데, 이는 넘어지지 않도록 발이 몸의 중심선에 더 가까워지기 때문이다. 평균적인 걸음 기저는 걸을 때 5센티미터이고, 뛸 때는 0에 가깝다.

정상적으로 서 있는 자세에 맞게 고안된 신발은 뒤축이 밑창과 수직 혹은 직각을 이룬다. 다리와 뒤꿈치가 일직선상에 있고 바닥과는 직각을 이루기 때문이다. 걸을 때는 발이 약간 안쪽으로 이동하면서 땅과 접촉한다. 따라서 걷기에 적당하게 설계된 신발은 밑창을 중심으로 뒤축이 약간 기울어져 있다. 달리기에 적당하게 설계된 신발은 뒤축이 훨씬 기울어진다. 그러나 신발 겉면에서는 뒤축의 각도를 확인할 수 없다는 점을 알아두자. 곁에서 볼 때는 모든 신발의 뒤축이 밑창과 직각을 이루는 것처럼 보인다.

달리기에 적당한, 신발의 뒤축이 안쪽으로 비스듬한 구조는 테니스나 농구처럼 측면 움직임이 필요한 운동을 제외한 전방으로 곧게 뛰는 운동에 이상적이다. 측면으로 이동해야 하는 운동을 하는 선수가 앞으로 뛰는 운동에 적합한 신발을 신으면 발목 염좌^삠에 걸릴 수 있다. 따라서 특정 스포츠에 적당한 신발을 구입하는 것이 중요하다. 다용도 운동화(cross-trainer)는 약간의 측면 이동을 용이하게 하고 운동화에 필요한 충격 흡수도 가능한 복합적인 신발이다. 스포츠화에 관한 정보는 14장에 더욱 자세하게 소개되어 있다.

「 잘 맞는 신발 」

남녀를 불문하고 신발은 처음부터 편안해야 한다. 길들이는 기간 같은 건 필요 없다. 발이 조이거나 쏠리거나 너무 끼는 느낌이 드는 신발은 사면 안 된다. 신발 크기와 맞는 정도는 스타일과 제조업체에 따라 다양하기 때문에 발에 꼭 맞는 신발을 찾을 때까지 계속 살펴봐야 한다. 적당하게 맞으려면 선심이 적당하고 굽이 낮고(1.3센티미터 이하) 완충작용을 할 수 있어야 한다. 뒤축은 발과 편안하게 맞고 발이 신발 속에서 미끄러지지 않아야 한다. 맞는 신발이라면 발에서 가장 긴 부분과 가장 넓은 부분에 맞아야 하고 가장 긴 발가락과 신발 끝 사이에 엄지발톱의 반 정도 되는 공간이 있어야 한다. 갑피가 밑창 위로 불거져 나오면 안 된다. 신발을 길들일 필요는 없지만 가죽 소재와 같이 밑창이 빳빳한 신발은 발가락 아래의 둥근 부분이 쉽게 휘어지지 않아서 발이 굽 뒤쪽에서 계속 빠질 수 있다. 그런 신발은 신는 동안에 밑창이 부드러워지고 굽 빠짐도 점점 줄어든다.

발은 하루 종일 부풀어오르기 때문에 발 크기가 가장 큰 저녁 무렵에 신발을 사는 것이 좋다. 서 있을 때 양발의 길이와 폭을 재도록 하자. 함께 신을 양말이나 스타킹을 신고 신발을 신어 보는 것이 좋다. 가능하면 가게에서 적어도 10분 동안은 신발을 신고 또 적어도 10분 동안은 걸어 보고 편안한지 확인한 다음 구입하기 바란다. 교정기를 이용한다면 새로운 신발을 신을 때 함께 착용해 보아야 한다. 신발을 구입하기 전에 굽이 구부러졌거나 중창이 제대로 붙어 있지 않은지 혹은 밑창의 표면이 편평하지 않은지 등 결함을 확인하는 것이 좋다. 신고서 발을 움직일 수 없는 신발이라면 선택해서는 안 된다.

「 문제를 일으키는 신발 」

신발의 요건을 전혀 충족하지 못하여 발을 지지하고 충격을 흡수하기는커녕 심각한 문제를 일으키는 신발도 있다. 하이힐, 플립플롭, 샌들, 하이탑(복사뼈까지 덮는 스니커즈-옮긴이), 부츠 등은 모두 발과 발목에 문제를 일으킬 수 있다.

나는 대부분의 여성이 하이힐을 신는 습관을 들이지 않았으면 한다. 하이힐은 발의 변형을 진행시켜 발목, 장딴지, 척추 아래쪽의 통증을 유발할 수 있기 때문이다. 그러나 그림 3.2처럼 아치가 매우 높아서 하이힐에 발이 아주 잘 맞는 여성도 간혹 있다. 이들의 발은 낮은 굽이나 플랫 슈즈와 잘 맞지 않는다.

플립플롭을 비롯해서 많은 샌들은 발에 다양한 문제를 일으킨다. 이런 신발은 아치를 충분하게 지지하지 못하기 때문에 다양한 관절과 인대에 통증을 유발한다. 게다가 물건이 떨어질 때 발을 보호하지 못할 뿐만 아니라 발등을 햇볕에 노출함으로써 피부암 유발 확률을 높인다. 승강기와 에스컬레이터를 타고 내릴 때 느슨

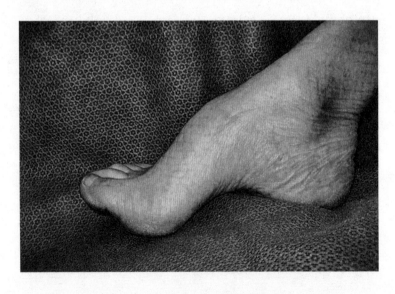

그림 3.1 **아치가 높은 발.** 앞발부가 뒤꿈치보다 훨씬 낮은 위치에 있다.

한 샌들이 걸리거나 심지어는 열리는 문에 발가락 끝을 부딪쳐 부상을 당할 수 있다. 플립플롭을 신고 걸을 때는 발가락이 신발에 고정되어 균형을 유지해야 하고 뒤축이 있는 신발보다 더 발가락을 움직이면서 신발을 신어야 한다. 발가락이 부딪힐 가능성도 높아진다. 마지막으로, 엄지발가락과 두 번째 발가락 사이의 끈이 상처와 감염을 일으킬 수 있다.

하이탑이나 부츠 역시 수많은 문제를 일으킬 수 있다. 너무 조이면 표피와 가까운 신경을 자극해서 신경염을 유발하는 경우도 있다. 어그 부츠, 작업용 부츠, 웨스턴 부츠도 대부분 아치를 충분하게 지지하지 못하거나 쿠션 기능을 제대로 하지 못한다. 뒤꿈치뼈가 지나치게 자라는 헤이글런드 병을 가진 사람들에게 하이탑 슈즈와 부츠는 통증을 일으키고 주머니 염증의 원인이 될 수 있다. 이 병에 관해서는 9장에서 소개할 것이다.

인체는 거울에 비춘 것처럼 똑같은 반쪽으로 이루어진 듯 보이지만 정말 그렇게 되기는 어렵다. 많은 사람이 다리가 비대칭적이어서 한쪽 다리가 다른 쪽 다리보다 실제로 길거나 길어 보인다. 이런 불일치를 지닌 인체는 보상을 시도하기 때문에 몸 전체에 심각한 영향을 미칠 수 있다.

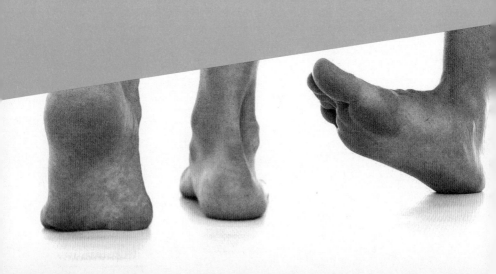

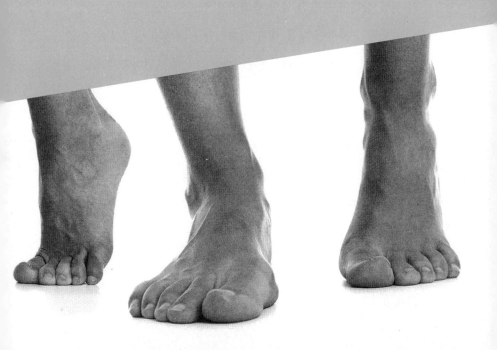

PART 2
발의 이상과 여러 가지 문제

CHAPTER 04

발의
정렬 문제

차가 도로와 유일하게 닿는 부분은 휠을 감싼 타이어다. 따라서 타이어와 휠의 상태와 정렬은 차의 성능에 큰 영향을 미친다. 바퀴의 정렬 상태가 불량한 차의 승차감을 상상해 보라. 제대로 정렬되지 않으면 승차감이 나쁜 데다 기계적인 문제까지 일어날 수 있다. 마찬가지로, 정렬이 잘 되지 않은 발은 걷기에 불편하고 통증을 일으킬 수 있으며 몸의 다른 부위에까지 많은 영향을 미친다.

발이 '이상적으로' 정상인 사람은 극히 드물지만, 다행히도 인체는 사소한 다양성을 보상하는 경향이 있다. 하지만 시간이 지날수록 작은 보상도 그만큼 대가가 필요해진다. 이 장에서는 가장 흔하게 발생하는 발 정렬 문제와 그것이 발의 기능에 미치는 영향, 그리고 치료 방법에 관해 이야기한다.

일직선이 아닌 발 : 안쪽 굽음^{내반}과 바깥쪽 굽음^{외반} 이상

정상적인 발이 중립 위치에 있으면 앞발부와 뒷발부가 일직선상에 놓이고, 뒷발부와 발뒤꿈치가 직각을 이룬다. 그림 4.1에 중립 위치가 나와 있다. 앞발부나 뒷발부에서 일어나는 변이는 굳어진 안쪽 굽음^{내반}이나 바깥쪽 굽음^{외반} 이상으로 나타난다 (치료하지 않으면 발이 영구적으로 비정상 자세로 유지되기 때문에 '굳어진'이라는 표현을 썼다). 이런 이상 상태에서는 앞발부나 뒤꿈치 쪽 발바닥이 안쪽(내반)이나 바깥쪽(외반)을 향해 돌아간다. 이때 생각해 볼 문제가 하나 있

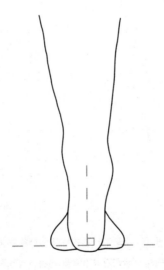

그림 4.1 **중립 자세에서 앞발부와 뒷발부, 뒷발부과 뒤꿈치의 정상적인 관계 (오른다리)**

다. 내반된 발은 체중을 발 바깥쪽으로 밀어내고, 외반된 발은 발의 안쪽이나 아치 쪽으로 체중을 끌어당긴다는 것이다.

뒤꿈치가 다리보다 안쪽으로 들어간 상태를 '뒷발부 내반(hindfoot varus)'이라고 한다(그림 4.2). 뒷발부 내반이 있으면 대체로 뒷발부를 안으로 회전시켜, 즉 뒤꿈치가 바깥쪽을 향하도록 해서 발 안쪽을 바닥에 닿게 하는 방법으로 보상하려고 한다. 이 자세를 치료하지 않고 방치하면 발 바깥쪽을 땅에 디디며 걷게 된다. 결국 체중이 발 전체에 골고루 분산되지 못해 충격 흡수에 문제가 생기고 과도

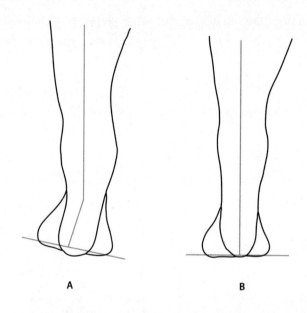

A   B

그림 4.2 뒤에서 본 오른발. (A) 뒤꿈치가 다리보다 안쪽을 향한 뒷발부 내반. (B) 이를 보상하기 위해 뒤꿈치가 바깥쪽을 향하면서 바닥과 수직을 이루고 앞발부가 바닥에 닿는다.

한 긴장 상태가 발생한다.

앞발부 내반(forefoot varus)은 앞발부가 뒷발부보다 안쪽을 향한 상태를 말한다(그림 4.3). 이런 자세에서는 발이 제 기능을 하지 못하게 되고, 앞발부를 땅에 닿게 하려고 목말밑 관절이 안쪽으로 회전하거나 체중이 발 안쪽 가장자리로 이동한다. 이 같은 발의 회내 자세는 뒷발부 내반보다 훨씬 심각할 수 있으며 장기적으로 몇 가지 문제를 유발한다. 회내한 발은 걸을 때 느슨하고 자유롭게 땅을 디디게 된다. 발이 땅에 처음 닿을 때에는 적절하지만 이후로

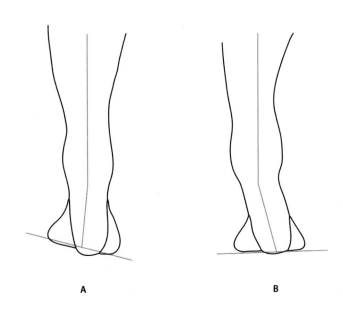

A   B

그림 4.3 뒤에서 본 오른발. (A) 앞발부 내반으로 앞발부가 뒷발부에 비해 안쪽을 향하고 있다. (B) 이를 보상하기 위해 뒤꿈치가 바깥쪽을 향하면서 지나치게 회내해 있다.

는 적절한 지지 작용을 할 수 없으며 근육들이 몸을 전방으로 추진할 때 효율적인 지렛대 역할을 해 주지 못한다. 더욱이 발이 회내한 상태에서는 다리와 넙다리가 몸의 중심선 쪽으로 돌아가며, 이렇게 돌아간 다리 때문에 무릎뼈가 점점 원활하게 미끄러지거나 돌아가지 못하게 된다. 무릎뼈가 제 역할을 하지 못하면 무릎 앞쪽에서 통증이 발생하는데, 이런 상태를 연골연화^{러너스니}(runner's knee)라고 한다(다른 활동과 운동을 하더라도 이 증상을 겪을 수 있다). 발이 지나치게 회내한 상태는 골격 계통뿐만 아니라, 넙다리를 골반과 허리로

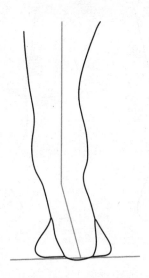

그림 4.4 뒤에서 본 오른발. 뒤꿈치가 다리에 비해 바깥으로 돌아간 뒷발부 외반 자세를 보여 준다. 발 근육이 이를 보상할 힘이 없어서 발이 회내한 상태에 머물러 있다.

연결하는 엉덩허리근^{장요근}(iliopsoas muscle)에도 피로와 경련을 일으켜 요통의 원인이 될 수 있다. 게다가 지나치게 회내한 발은 건막류 (보통 엄지발가락 아래에 두꺼운 혹이 생기는 증상–옮긴이), 망치발가락(갈고리 모양으로 굽은 기형적인 발가락–옮긴이)(8장), 힘줄 손상(12장) 같은 비정상적인 상태가 발생할 가능성을 높인다.

'뒷발부 외반(hindfoot valgus)'은 뒤꿈치가 다리에 비해 바깥쪽을 향한 상태를 말하는데(그림 4.4), 이는 편평발이나 모음된 발과 관련이 있다. 대개 다리 근육은 뒤꿈치의 외반 자세를 견디고 발을 안쪽

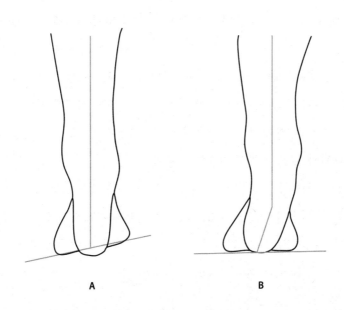

A   B

그림 4.5 뒤에서 본 오른발. 앞발부가 뒷발부에 비해 바깥으로 돌아간 앞발부 외반 자세다.(B) 이를 보상하기 위해 앞발부가 땅에 닿도록 뒤꿈치를 안쪽으로 돌리게 된다.

으로 돌릴 만큼 강하지 않다. 뒤꿈치가 바깥쪽을 향해 있으면 발은 보행 주기 동안 항상 안쪽으로 휘어져 있다. 앞서도 언급했듯이 이런 자세는 안정적인 지지 기능이나 몸을 전방으로 효율적으로 추진할 수 있을 만큼 단단한 지렛대가 되어 주지 못한다. 게다가 뒷발부 외반이 있는 사람에게는 무릎과 등 통증까지 겹쳐 건막류, 망치발가락, 힘줄 손상 같은 문제가 생기기도 한다. 편평발은 5장에서 더 자세하게 소개한다.

앞발부가 뒷발부보다 바깥쪽을 향한 앞발부 외반(그림 4.5)은 흔히 아치가 높은 발^{요족}(pes cavus)과 관련이 있다. 이 자세는 일반적으로 첫째 발허리뼈에 점점 더 많은 부담을 실어 첫째 발허리뼈 아래에 통증이 있는 굳은살과 종자뼈염 같은 상태를 유발할 수 있다(14장). 인체는 뒤꿈치를 안으로 돌리는 방법으로 이를 보상하려고 하는데, 이 때문에 발목이 불안정해져서 발목 염좌에 걸리기 쉽다(14장). 아치가 높은 발은 5장에서 더 자세하게 설명한다.

내반과 외반 상태를 치료하는 목적은 발의 통증을 줄이고 발의 기능을 개선하는 것이다. 대체로 치료는 보존적인 방법으로 시작하는데, 일반적으로 신고 있는 신발을 바꾸거나 개조하고, 교정 장치를 이용하거나 물리요법을 실시한다. 수술은 보존 치료로도 호전되지 않을 때 고려하는 것이 좋다.

「 발목이 휘어질 때 : 발등 굽힘과 발바닥 굽힘 이상 」

발을 들기 위해 발목을 다리 앞쪽으로 굽히거나(발등
굽힘) 다리에서 멀리 아래쪽으로 굽히는 것(발바닥 굽힘)은 정상적인 발
목과 발을 가진 사람이라면 통증을 느끼지 않고 쉽게 하는 동작이
다. 그러나 이런 동작도 여러 가지 이유로 제약을 받을 수 있다. 동
작의 정상 범위는 중립 위치에서 20도 정도 발을 위로 굽히고, 50
도 정도 아래로 굽힐 수 있는 것이다. 걷기에 필요한 최소한의 요
건을 충족하려면 무릎을 곧게 편 상태에서 목말밑 관절이 중립 위
치에 있을 때 발을 적어도 10도는 구부릴 수 있어야 한다. 발등 굽
힘이나 발바닥 굽힘이 제대로 이루어지지 않으면 정상 보행으로
걷기가 힘들고, 특히 뛰는 동작이 어려워질 수 있다. 발을 차의 가
속 페달 위에 올리거나 가속 페달을 밀어 밟는 등의 다른 동작을
할 때에도 불편을 느낄 수 있다.

발가락 걸음

사람이 발을 다리 앞쪽으로 아주 조금 굽힐 수 있거나 전혀 굽
히지 못할 때, 이런 상태를 '발목 말발(ankle equinus)' 혹은 발가락 걸
음첨족이라고 한다. 정상적인 걷기에서는 발목을 굽히면 뒤꿈치가
먼저 땅에 닿는다. 발등이 이렇게 움직이지 않으면 발가락이 먼저
땅에 닿고 이어서 다른 부분이 닿게 되고 결국은 그야말로 발가락
으로 걷게 되는 것이다.

발목 말발을 만드는 가장 큰 원인은 아킬레스 힘줄을 형성하는 아랫다리 세갈래근인 안쪽 장딴지근과 바깥쪽 장딴지근, 가자미근 가운데 하나가 경직되는 것이다. 말발은 발목 앞쪽의 뼈 돌기 혹은 골외성장(骨外性長)으로 일어날 수도 있다. 흔히 불필요한 뼈 조각이 목말뼈 상부 표면에 발생하는데, 발등을 굽힐 때 이 조각이 정강뼈의 앞부분을 건드린다. 앞발부가 뒷발부에 비해 아래로 더 굽혀져 있을 경우에도 말발이 발생한다. 다시 말해, 앞발부가 뒷발부보다 더 아래에 있다는 것이다(그림 3.2). '앞발부 말발(forefoot equinus)'로 알려진 이 발 상태는 앞발부를 땅에서 들어올린 뒤에 보행 주기의 흔듦기 단계가 진행되는 동안 발가락이 땅에 닿는 것을 막기위해 추가적인 발목 굽힘이 필요하다.

인체가 발목 말발이나 앞발부 말발을 보상하다 보면 발, 무릎, 엉덩이, 등쪽 허리 부분이 큰 충격을 입을 수 있다. 발은 정상적으로 걸으면서 중간 디딤기 이후의 과정을 진행하려면 발등을 적어로 10도는 위로 굽혀야 한다. 발목을 이 정도로 굽힐 수 없으면 탄성이 없는 바닥에 고정된 발 앞으로 몸을 추진할 힘이 필요하다. 이때 몸은 다음 세 가지 보상을 시도할 수 있다.

▪ 먼저 걷기에 필요한 유연성을 부여하기 위해 지나치게 회내하거나 목말밑 관절과 발목뼈 중간 관절이 풀린다. 이런 과다한 풀림에 발 위의 체중이 가세하면 발의 아치가 무너질 정도로 발 상태가 심각해질 수 있다. 무너진 아치는 힘줄, 그 가운데서도 특히 뒤정강 힘줄의 손상으로 이어져 결과적으로 힘줄

퇴행과 힘줄 파열이 발생할 수 있다(12장). 무너진 아치는 과도한 관절 마모와 파열을 일으켜 조기 골관절염을 유발하기도 한다(11장).

- 두 번째로 가능한 보상은 몸을 발 앞으로 보내기 위해 무릎이 비정상적으로 늘어날 수 있다[과신전]. 무릎의 지나친 과신전은 무릎 관절의 긴장을 높인다.

- 세 번째 보상은 뒤꿈치를 일찍 땅에서 들어올리면서 몸이 발 앞으로 진행하는 것인데, 이 행동이 급한 보행을 유발한다. 이런 급한 보행은 주변의 시선을 끌 뿐만 아니라 발허리뼈 통증(8장)과 아킬레스 힘줄 염좌(9장)를 유발해 앞발부 통증으로 이어질 수 있다.

발가락 걸음 때문에 족부 전문의를 찾아가면, 진찰을 통해 말발의 원인과 적절한 치료법을 찾을 수 있다. 일반적으로 무릎을 편상태와 접은 상태에서 발을 정강이 쪽으로 들어올리는 검사를 한다. 이때 발을 중립, 회외, 회내 자세로 움직여 본다. 족부 전문의는 뼈 때문에 발의 운동이 방해를 받는다는 의심이 들면 X선 촬영을 권한다. 말발 치료의 목표는 증상을 완화하는 것이다. 굽이 높거나 뒤꿈치를 들어올리는 부분이 내장된 신발은 아킬레스 힘줄이 받는 압력을 줄이는 데 도움이 된다. 증상은 비(非)스테로이드성 소염제(NSAIDs), 얼음, 물리요법 혹은 CAM 워커(단단한 부츠 같은 형태의 보행용 보조기–옮긴이)로 발을 고정시키는 방법으로 완화할 수 있다. 의사가 보상성 모음을 바로잡기 위해 맞춤식 교정기를 착용하라고 조언할 수도 있다.

말발 자체의 치료는 원인에 따라 달라진다. 주로 아킬레스 힘줄을 펴기 위해 유연성을 기르는 운동이나 스트레칭을 한다(163쪽 글상자 참조). 심각한 상태라면 아킬레스 힘줄을 수술로 펼 수도 있다. 뼈의 돌기나 과잉 성장이 원인이라면 수술로 튀어나온 부분을 제거한다.

경직성 말발

빳빳하게 아래로 향한 자세를 유지하는 발을 '경직성 말발(spastic equinus)'이라고 하며, 다리 뒤쪽 근육의 구축으로 발생한다. 경직성 말발은 외상을 입은 발목 관절에 흉터 조직이 형성될 때 또는 발목 골절 같은 손상을 입어서 수술로 복구한 관절에 흉터 조직이 생기거나 관절주머니의 조직이 당길 때 발생한다. 뇌성마비를 앓는 많은 사람이 경직성 말발 또한 가지고 있다. 뇌성마비가 인체의 운동 조절 기능에 영향을 주기 때문이다. 이런 형태의 발가락 걸음 때문에 굳어진 발의 자세가 앞발부에 대한 압력을 높여 발허리통증(8장), 굳은살(6장), 그리고 가끔은 궤양^{개방창}으로 이어진다. 치료를 위해 특수 제작한 조절성 신발이나 고정기를 착용하며, 가끔 수술이 필요한 경우도 있다.

발처짐

발처짐은 바닥을 딛지 않을 때 발바닥이 굽혀지는 상태를 말한다. 발 근육이 발을 들어올리지 못하고, 심지어는 중립 위치에 놓을 수도 없다. 발처짐이 있으면 넙다리 근육^{넙다리네갈래근}을 쓰지 않고서는 걷기가 어렵거나 불가능하다. 발을 바닥에서 떼기 위해 다리를 더 높이 들어올려야 하기 때문이다. 발처짐이 있는데도 치료를 받지 않으면 보행 주기의 흔듦기를 시작할 때 발이 바닥에 끌리고 결국 발이 걸리거나 넘어지게 된다. 대체로 이 상태는 좌절감과 수치를 부르며, 특히 노인에게 위험하다. 발처짐은 신경 질환이나 신경 포착(10장)으로 인한 굽힘근 약화로 발생한다. 발처짐을 치료하려면 신발을 바꾸거나 개조하고, 고정기를 이용하기도 한다. 발 속의 힘줄을 이식하기 위한 수술도 가능하며, 수술로 발목을 고정하거나 융합하는 방법도 있다.

「 안과 밖 : 모음과 벌림 장애 」

발 혹은 발의 일부가 몸의 중심선 쪽이나 바깥쪽으로 움직이는 사람은 안짱다리나 밭장다리 자세로 서게 된다. 이때 안짱다리 자세를 모음^{내전}, 밭장다리 자세를 벌림^{외전}이라고 부른다. 이런 비정상적인 상태는 발 내부나 다리에서 원인을 찾을 수 있다.

발에 원인이 있는 안짱다리를 '발허리 모음^{중족골 내전}(metatarsus adductus)'이라고 한다. 이 상태에서는 앞발부가 중발부와 뒷발부에 비해 몸의 중심선 쪽으로 지나치게 돌아가 있다(위나 아래에서 보았을 때). 그 결과 그림 4.6에서 보는 것처럼 C자 모양의 발이 된다. 흔히 발허리 모음은 다섯째 발허리뼈의 뿌리를 발 바깥쪽으로 밀어낸다.

이런 변화는 활액낭염(힘줄과 뼈 사이의 활액주머니^{활액낭} 감염)이나 다섯째 발허리뼈의 기저에 연결된 '짧은 종아리 힘줄(peroneus brevis tendon)'의 힘줄염^{건염}을 유발할 수 있다. 발허리 모음 때문에 통증이 있는 굳은살이 생기거나, 당뇨병이나 혈액순환 장애가 있는 환자에게 발 궤양이 일어날 수 있다. 가끔 인체는 앞발부를 제대로 된 정렬 상태에 놓으려고 목말밑 관절을 안쪽으로 돌려서 상태를 바로잡으려고 한다. 모음은 망치발가락, 건막류, 힘줄 손상도 유발한다. 더욱이 발목발허리 관절에서 골관절염이 생길 수도 있다(11장).

치료 방법은 다양하다. 튀어나온 뼈의 뒤쪽과 아래쪽에 보호용 패드를 넣어 압력을 줄이고, 비스테로이드성 소염제를 복용하고, 염증이나 힘줄염이 발생한 부위에 얼음을 대고, 굳은살이 있을 때는 깎아 낸다. 튀어나온 뼈가 들어갈 공간을 확보하고 신발이나 걸음으로 인한 압력을 줄이기 위해 교정기를 착용할 수도 있다. 물리요법은 감염을 줄이는 데 도움이 된다. 코르티손도 감염 완화에 사용할 수 있지만 수술 전의 마지막 수단이어야 한다. 염증이 만성화된 힘줄을 약화시켜 파열에 이르게 하고 결국 수술까지 야기할 수 있기 때문이다. 성인의 경우 발허리 모음을 바로잡기 위해 수술하기도 한다. 돌출된 뼈를 다섯째 발허리뼈 기저에서 수술로 다듬어(깎는) 힘줄에 재부착하는 방법이 엄청난 통증을 완화할 대안이기 때문이다. 유아기의 발허리 모음은 13장에서 설명한다.

안쪽 회전이나 바깥쪽 회전처럼 다리가 발에 가하는 비정상적인 힘도 안짱다리나 밭장다리 자세를 유발한다. 엉덩이, 넙다리,

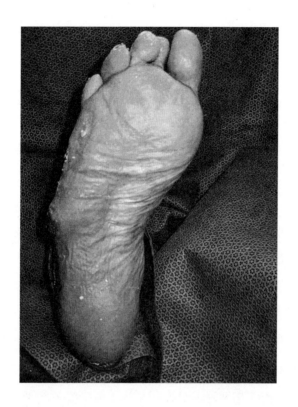

그림 4.6 발허리 모음 때문에 다섯째 발허리뼈의 기저 부분에 전형적인 굳은살이 생겼다.

다리에서 발생하는 회전도 안짱다리나 밭장다리의 원인이 된다. 발 위쪽의 다리에서 기인한 안짱다리와 밭장다리는 흔히 태아기에 형성된다. 13장에서 이런 기형을 자세히 살펴볼 것이다.

「 길고 짧은 다리 길이의 차이 」

인체는 거울에 비춘 것처럼 똑같은 반쪽으로 이루어진 듯 보이지만 정말 그렇게 되기는 어렵다. 많은 사람이 다리가 비대칭적이어서 한쪽 다리가 다른 쪽 다리보다 실제로 길거나 길어 보인다. 다리 길이의 차이는 크게 구조적인 불일치나 기능적인 불일치로 나뉜다. 구조적인 불일치는 몸의 한쪽과 다른 쪽 뼈의 길이가 실질적으로 다르기 때문에 발생한다. 유전적인 장애, 선천적인 조건(유전적인 경우가 아닌 자궁에서 발생하는) 혹은 감염, 수술, 골절, 종양으로 인한 성장판 조기 폐쇄로 발생한다. 기능적인 불일치는 한 발과 다른 발의 비대칭적인 아치 높이, 전위된 엉덩이, 척추옆굽음증척추측만증 등 수많은 원인에 의해 발생할 수 있다. 예를 들어, 한쪽만 편평발인 사람은 기능적인 다리 길이 불일치에 해당한다. 이런 불일치를 지닌 인체는 보상을 시도하기 때문에 몸 전체에 심각한 영향을 미칠 수 있다.

몸이 다리 길이 차이로 보상을 할 때, 의식적이지는 않더라도 그 목표는 시선을 바닥과 평행한 면으로 가져가는 것이다. 때로 다리를 짧게 하는 수단으로 더 긴 다리가 안으로 휘거나 체중이 발의 안쪽으로 이동하기도 한다. 아니면 더 짧은 다리가 밖으로 휘거나 체중이 바깥 가장자리로 이동하여 아치를 높이고 다리를 길어지게 한다. 흔히 골반이 짧은 쪽으로 기울고, 낮아진 척추는 반대 방향으로 굽게 된다. 예를 들어, 왼쪽 다리가 더 짧으면 골반은 왼쪽으로 기울고 낮아진 척추는 오른쪽으로 휜다. 이 같은 골반과 척추의 보상 작용은 위쪽 척추와 어깨가 기울 때까지 계속 진행될 수 있다. 만약 척추가 다리 길이의 차이를 감당할 만큼 적응하지 못한다면 목이 눈높이를 움직이게 할 만큼 기울 수도 있다. 이런 신체의 보상은 아무리 미미하게 진행된다고 하더라도 뼈, 관절, 근육, 인대, 신경의 기능에 영향을 줄 수 있다. 증상은 통증, 경련, 발작에서 발, 다리, 무릎, 엉덩이, 허리, 목에서 느껴지는 피로감에 이르기까지 다양하다.

다리 길이 불일치의 치료법은 발생 원인과 차이의 정도에 따라 달라진다. 최소한의 구조적인 불일치는 단순히 굽을 올리는 방법으로 해결할 수 있다. 0.6~0.9센티미터보다 차이가 적은 경우에는 떼어낼 수 있는 키 높이 굽을 신발 안에 넣어서 조정하면 된다. 그보다 차이가 클 때는 신발 내부에서 조정한 뒤, 신발의 굽이나 밑창 바깥 부분에서 추가로 교정이 이루어져야 한다. 아치 높이에 따른 기능적인 불일치에서는 굽을 올리거나 올리지 않는 방법과 처방에 의한 교정 장치의 조합이 필요할 수 있다.

신발 교정으로 바로잡을 수 없을 정도로 다리 길이가 다른 심각한 기능적인 불일치를 치료하려면 다리를 늘이는 수술이 필요하다. 이런 수술을 받으려면 정형외과 전문의를 찾아가야 한다. 고도로 전문화된 의료기관에서 하지연장술을 시행한다. 간략하게 말해, 수술은 연장할 뼈 부분을 잘라 그 위와 아래에 막대나 수술용 핀을 끼우는 방법으로 이루어진다. 이 막대들이 서로 지렛대 역할을 하면서 하루에 약 1밀리미터씩 뼈가 늘어나는데, 이는 신경, 근육, 힘줄, 혈관이 손상을 입지 않고 점차 늘어날 수 있을 정도의 속도다.

CHAPTER 05

편평발과
오목발

아치가 낮거나 없는 발을 흔히 평발이라 부르고, 아치가 아주 높은 발을 오목발이나 요족이라고 부른다. 발 정렬에 따른 이 두 가지 문제는 비교적 흔하게 발생한다. 둘 중에서 편평발이 더 흔하게 발견된다. 발의 정렬 오류는 일반적으로 양쪽에서 발생하므로 두 발 모두 편평발이거나 오목발인 경우가 대부분이다. 하지만 뇌성마비와 뇌졸중처럼 한쪽만 영향을 받는 신경근육 문제는 예외다. 이 두 문제의 원인과 증상, 치료법은 모두 다르다.

「 아치가 없는 발 : 편평발 」

그림 5.1처럼 발의 아치가 낮거나 완전히 없어서 발

바닥 전체가 바닥면에 닿는 상태를 편평발이라고 한다. 1장에서 소개하고 4장에서 언급한 용어를 사용한다면, 편평발은 지나치게 회내한 발이다. 발목이 안쪽으로 들어가고 발꿈치뼈의 각도가 바깥쪽으로 휘며 뒷발부가 바깥쪽을 향해 돌아간 자세다. 편평발의 안쪽 가장자리가 바닥과 가깝거나 심지어는 바닥에 닿기 때문에 신발 밑창 안쪽이 마모된다. 뒤에서 보면 발가락이 바깥쪽을 가리키는 경우가 많은데, 이를 '많은 발가락 징후(too many toes sign)'라고 부른다. 편평발인 사람 중에는 발가락을 딛고 일어서지 못하거나 발목에서 발을 위쪽으로 움직이는 것(발등 굽힘)에 제약을 받는 경우도 있다.

편평발은 걸을 때 바닥을 밀어내는 데 필요한 단단한 지렛대가 되지 못한다. 이런 제약은 발이 체중을 앞발부로 옮길 수 있는 능

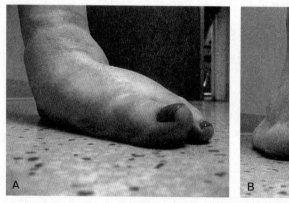
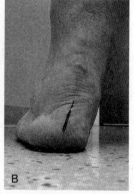

그림 5.1 **지나치게 회내한 자세의 편평발. 아치가 무너져 발바닥이 바닥에 닿아 있다.**

력과, 아울러 앞쪽으로 진행하는 동작의 효율성을 줄인다. 발이 지나치게 긴 시간 동안 안쪽으로 휜 상태로 고정되어 있으면 몸 위쪽이 영향을 받게 된다. 그러면 도미노 효과가 나타나 아랫다리에 이어 무릎, 넙다리, 엉덩이, 등까지 모두 안쪽으로 돌아간다. 이런 신체 부위에 돌아가는 힘이 거듭거듭 가해지면 아랫다리와 발의 근육, 힘줄, 인대가 더 많은 긴장을 받게 된다.

편평발은 다양한 원인에 따라 발생하고 발달한다. 발의 형태 때문에 편평발 상태로 이어지기 십상인 경우도 있다. 예를 들어, 발의 뼈들을 연결하는 관절을 둘러싼 인대가 늘어지거나 약할 때 혹은 '발목뼈 결합(tarsal coalition)'으로 떨어져 있어야 하는 뼈 두 개가 비정상적으로 연결되는 때가 있다. 또 팽팽하거나 짧은 아킬레스 힘줄(일명 말발), 발의 힘줄과 인대가 늘어나거나 찢어지는 손상 혹은 과거의 발 골절이 원인이 될 수도 있다. 그밖에 정상적인 노화, 류마티즘, 당뇨, 비만, 뇌졸중과 뇌성마비와 같은 신경근육 이상, 임신, 스테로이드 사용 등도 원인으로 꼽는다.

편평발의 증상은 변형 정도와 지속된 기간에 따라 가벼운 것부터 심각한 것까지 다양하게 나타난다. 어릴 때는 다리 저림, 발의 피로 혹은 장딴지 불편을 호소하며 때로는 어른에게도 이런 증상이 나타난다. 어린이는 이런 증상 때문에 체육 수업이나 레크리에이션 활동에 참여하는 데 제약을 받을 수 있다. 이외에도 편평발을 가진 사람들은 다양한 불편을 호소한다. 발 안쪽 면으로 걷는 것 같거나 신발 속이 가득 차 있는 것 같다고 느끼거나 붓고, 서 있거나 고르지 않은 땅을 걷거나 발가락으로 서거나 발을 둥글게 돌리는 동작을 하기가 어려우며, 발과 발목 안쪽 그리고 뒤꿈치, 무릎, 엉덩이, 허리에서 통증을 느낀다.

편평발을 치료하지 않고 방치하면 통증뿐만 아니라 장기간에 걸친 몇 가지 파급효과 때문에 심각한 문제가 발생할 수 있다. 먼저 발의 힘줄과 인대가 점차 약해지다가 급기야는 찢어져 장애를 초래할 정도의 관절염이 발생할 수 있다. 발 관절에 골고루 분산되지 못하는 스트레스와 압력이 오랜 시간 동안 지속되면 통증, 감염, 연골 손상, 발과 발목 관절의 운동 기능 상실 등을 초래하기도 한다(11장). 편평발의 상태가 진행되면 발이 점점 유연성을 잃고 뻣뻣해지면서 충격을 흡수하고 바닥의 요철 변화에 적응하는 기능에 문제가 생긴다.

족부 전문의는 편평발을 검사할 때 X선, MRI, CT 등 다양한 영상진단 기법을 이용해서 문제가 되는 연조직이나 뼈 이상을 확인한다. 보존적이고 비수술적인 치료에 반응하지 않는 편평발을 바로잡기 위해 적절한 수술 절차를 결정할 때 영상진단 기법을 활용하기도 한다.

유연성이 있는 편평발을 치료하기 시작할 때 목표는 발의 자세를 회복하거나 개선하고 통증과 염증을 완화하는 것이다. 족부 전문의는 대체로 아치를 지지하는 기능이 있는 신발을 신거나, 기성품이나 맞춤식 교정기나 고정기를 착용하거나, 비스테로이드성 소염제를 복용할 것을 권한다. 많은 신발 회사에서 편평발의 요구조건을 충족하는 운동 조절이 가능한 특수 신발을 디자인하고 있다. 초기 치료에 성공하지 못하고, 특히 관련 근육의 약화, 관절염 혹은 힘줄 손상을 입게 되면 물리요법으로 도움을 받을 수 있다. 물리요법은 발의 운동 범위, 균형, 통증, 근력을 개선하게 해 준다. 이렇게 해도 편평발을 치료할 수 없다면 리치(Richie) 교정기처럼 발목과 발을 모두 고정하는 장치를 이용해 추가 지지력을 제공하고 압력을 줄이고 뒷발부를 조절하는 방법도 있다. 발목-발 교정기는 16장에서 다시 살펴보자.

장기간에 걸쳐 고착되고 관절염이 발생한 편평발에 대한 비수술 치료는 통증을 줄이고 가능하면 움직일 수 있는 상태가 되도록 발에 충분한 공간을 마련하는 데 중점을 둔다. 치료 방법으로 비스테로이드성 소염제, 관절 통증을 줄이기 위한 코르티손 주사, 교정기, 고정 장치, 물리요법, 또는 신발 개조나 변형 등이 있다. 하지만 경직된 편평발의 자세는 수술로만 바로잡을 수 있다.

몇 달에 걸친 보존적이고 비수술적인 관리에도 상태가 개선되지 않는 경우에는 수술이 대안이 된다. 통증을 줄이고 발의 자세와 기능을 개선하기 위해 다양한 수술 방법을 계획한다. 편평발의 범위와 경직성, 근육, 힘줄, 인대가 문제에 기여하는 정도, 관절염의 존재 유무 등에 따라 상황별로 최적화된 방법을 찾을 수 있다. 일반적으로 염증이 없으면서 유연성이 있는 편평발에 대한 수술 치료는 짧아진 아킬레스 힘줄을 늘이고, 교정을 위해 뼈를 제거하고, 약해진 뒤정강 힘줄을 지지할 힘줄을 이식하는 방법이 있다.

염증이 발생한 경직된 편평발에 대한 수술에는 흔히 관절에 의해 정상적으로 분리된 뼈들을 결합하는 과정이 포함된다. 두 수술 방법의 회복 기간은 비슷하다. 발에 체중을 싣지 않은 채 10주에서 12주 동안 고정하는 기간을 거친 뒤, 차츰 보행용 보조기를 신는다. 완전한 회복에는 수술 후 적어도 6개월에서 12개월의 시간이 필요하다.

「 편평발이 불러온 힘줄염 」

편평발이 장기간 지속되면 흔히 '뒤정강 힘줄염(posterior tibial tendonitis)'이라는 힘줄 손상을 유발한다. 이 증상은 발이 지나치게 편평한 사람이면 누구에게나 발생할 수 있지만 과체중의 중년 여성에게서 가장 많이 나타난다. 뒤정강 힘줄은 무릎 아래 근육에서 시작해서 발목의 뒤와 아래를 감아 내려가다가 아치가 형성된 중발부의 내부와 아래에 있는 뼈 속으로 들어간다. 이 힘줄은 발이 바깥쪽으로 뒤집어지는 것(발바닥이 몸의 중심선 바깥쪽으로 밀려나는 것)을 막고, 체중이 실리는 활동을 하는 동안 아치를 안정화하며, 보행 주기 동안 발로 바닥을 밀어내는 동작을 돕는다.

힘줄에 과도한 긴장이 가해지면 힘줄집^{건초}이나 힘줄 자체에 염증이 생긴다. 힘줄은 섬유질이 선형으로 평행하게 늘어선 정상적인 정렬 구조를 잃으면 흉터 조직을 형성하며 자체적으로 치유를 시도한다. 일부가 찢어지거나(흔히 길이 방향으로), 흉터 조직에 의해 굵어지거나, 약화되기도 하지만 완전한 파열은 잘 일어나지 않는다. 문제가 진행되면 발의 인대와 관절 내벽이 늘어날 수도 있다. 힘줄이 약화되면 다리는 몸의 중심선 쪽으로, 뒤꿈치는 바깥으로 돌아가는데, 결국 발바닥이 몸의 중심선 바깥쪽으로 뒤집어지고 앞발부가 벌어지거나 중심선에서 멀어지는 상황을 유발한다. 그 결과, 뒤정강 힘줄염을 앓는 사람들은 먼 거리나 긴 시간 동안 걷기가 힘들다는 말을 곧잘 한다. 앉은 자세에서 일어나 특히 고르지 않은 땅을 걸을 때 균형을 잃은 것 같은 불안한 기분이 든다고 말하기도 한다. 게다가 발가락을 딛고 일어서는 것도 힘들어 한다.

족부 전문의는 진찰을 통해 힘줄염을 진단한 뒤에 MRI를 이용해서 힘줄 부상의 범위를 측정한다. 뒤정강 힘줄염의 치료는 편평발 치료와 흡사하다. 휴식을 취하고, 얼음찜질을 하고, 발의 위치를 높이는 방법으로 부기와 통증을 다스린다. 또한 맞춤 교정기, 고정기, 지지용 신발로 모음을 줄이고 아치를 받쳐 준다. 이런 치료에 반응을 보이지 않는 심각한 상태일 때는 발을 움직이지 말아야 한다. 발을 고정하는 방법으로는 CAM 워커를 착용하는 것부터 무릎 아래에 석고나 유리섬유 붕대를 감고 목발을 이용하는 것에 이르기까지 다양하다. 이 두 가지 고정 방법 모두 4주에서 6주 동안의 기간이 필요하다. 안정성과 보호성을 높이기 위해 초기 석고붕대를 한 이후에 환자가 정상적인 활동과 운동을 재개하면서 3~6개월 동안 발목 고정기를 착용하는 것이 좋다. 고정기를 착용하는 기간은 상태의 중증도에 따라 달라진다. 평생 착용해야 하는 경우도 더러 있다.

비수술 치료가 통증을 줄이거나 기능을 개선하는 데 도움이 되지 않을 때는 수술적인 교정을 고려할 수 있다. 수술에는 뒤정강 힘줄을 바로잡거나 보강하고 발을 재정렬하는 처치가 포함된다. 힘줄을 보강하기 위해 다른 발 부위의 힘줄이나 인공 힘줄을 이식하는 방법을 활용한다.

「 아치가 높은 발 : 오목발 」

편평발의 반대는 아치가 높은 발로, 오목발이나 요족이라고도 한다. 오목발은 발을 지탱하는 근육의 불균형이나 골격 이상으로 아치가 극도로 높은 상태를 가리킨다. 이런 유형의 발은 유연할 수도 있고 경직되어 있을 수도 있다. 유연성이 있는 경우, 앉아 있을 때는 아치가 비정상적으로 높다가 서 있을 때는 줄어드는 것처럼 보인다. 경직된 오목발은 앉아 있을 때나 서 있을 때나 아치의 높이에 변화가 없다.

오목발을 발생시키는 가장 큰 원인은 유전에 의한 구조적인 상태다. 뇌성마비, 근육퇴행위축, 뇌졸중, 척추갈림증^{이분척추} 혹은 회색질 척수염 같은 신경근육 이상과 관련이 있다. 오목발의 다른 원인으로는 화상, 감염, 외상, 구획 증후군(몸속의 폐쇄된 공간이나 구획 안의 신경으로 혈액이 공급되지 않아서 신경 손상을 유발하는 상태) 등을 꼽는다.

오목발을 가진 사람은 그 외에도 다양한 문제를 안고 있다. 발허리통증(8장)과 함께 망치발가락이나 갈퀴발가락으로 이행될 수도 있다. 뒷발부보다 앞발부가 아래에 있는 자세는 발가락을 위로 올리는 폄근 힘줄이 경직되는 원인이 될 수 있다. 이런 경직은 발가락을 들어올리고 발가락 뒤에 있는 발허리뼈를 아래로 밀어내면서 과다한 압력의 원인이 된다. 결국 발바닥 통증과 굳은살로 이어질 수 있다. 엄지발가락 바로 뒤에 있는 작은 종자뼈 두 개가 감염되어 종자뼈염이라는 상태(14장)가 되기도 한다. 발가락 맨 윗부분, 뒤꿈치, 발 바깥쪽에도 굳은살이 생길 가능성이 있다. 앞발부가 아래로 향한 자세는 중발부의 높은 아치 꼭대기에 있는 관절을 계속 압박하여 시간이 흐르는 동안 퇴행성 관절염인 뼈관절염으로 이어진다(11장). 더욱이 오목발을 가진 사람은 아킬레스 힘줄과 아치를 지지하는 부드러운 조직(발바닥 근막)의 경직을 경험할 수 있다. 이런 경직은 발바닥 근막염, 헤이글런드 기형 혹은 아킬레스 힘줄염(9장)을 유발하고 발바닥이나 뒤꿈치의 통증을 동반한다.

앞발부가 아래를 향하는 자세뿐만 아니라 발의 앞부분이 몸의 중심을 향해 휘면서 바깥 가장자리가 볼록하고 안쪽 가장자리가 오목해지는 자세도 있는데, 이는 앞발부 내반과 비슷하다. 이렇게 발이 휘는 자세는 발 바깥쪽 가장자리에 지나친 힘을 가하는데, 이는 신발 밑창의 바깥쪽이 닳는 것으로 확인할 수 있다. 신경 포착 증후군(10장)도 오목발에서 말미암아 발생할 수 있다. 오목발의 원인이 신경근육에 있을 때는 근육 약화, 발처짐(발을 들어올리지 못하는 증상. 4장), 얼얼함, 따끔거림, 통증 등 신경근육 증후군을 유발할 수 있다. 이 가운데 한 가지 이상의 징후나 증상을 겪은 적이 있다면 신경과 전문의에게 진료를 받아볼 것을 권한다(징후는 의사가 증명하고 증상은 환자가 경험하는 것이다).

아치가 높은 발은 걷기가 더 어렵다. 오목발은 발을 바닥에 내려놓을 때 안쪽으로 적당하게 돌리기가 비교적 어렵기 때문에 충격을 제대로 흡수하지 못한다. 충격 흡수가 미흡하면 허리에서 종아리, 발목, 발에 이르기까지 불편해진다. 발과 아랫다리에서 스트레스 골절이 더 자주 발생한다. 발목 염좌도 더 흔해진다. 오목발의 뒤꿈치가 몸의 중심선을 향해 안쪽으로 돌아가면서 발목을 불안정하게 만들기 때문이다. 작은 물체를 밟거나 조금이라도 울퉁불퉁한 땅을 걷는 것만으로도 발목 염좌가 생길 수 있다. 오목발을 가진 사람은 한 걸음씩 내디딜 때마다 주의를 기울여야 하므로 계산된 보행을 한다. 안쪽으로 휜 뒤꿈치가 일으키는 긴장 상태는 발목 바깥 부분의 힘줄로 확대되어 힘줄염, 굳은살, 찢어짐 혹은 변위로 이어진다. 시간이 지나면서 발목 관절이 안으로 휘어지는데, 이것이 관절 내의 압력 분산을 변화시켜 뼈관절염을 일으킬 수 있다.

오목발에 대한 치료는 통증을 줄이고 기능을 개선하는 것에 중점을 둔다. 비수술적인 방법으로는 다양한 신발 개조, 망치발가락이 들어갈 만큼 깊이가 있고 충격을 흡수하는 신발, 발목을 지지해 주는 하이탑 슈즈, 발의 바깥 부분에 가해지는 하중을 덜기 위해 밑창이나 뒤꿈치의 바깥쪽에 덧대는 삼각형 패드, 발바닥이 받는 압력을 줄이기 위한 둥근 밑창(로커솔) 등을 꼽을 수 있다. 편평발의 경우와 마찬가지로, 많은 신발 회사에서 오목발의 필요에 맞도록 대체로 쿠션이 좋은 신발을 제작한다. 오목발이 있는 사람에게는 맞춤식 교정기 혹은 기성품이나 맞춤식 발목 고정기가 도움이된다. 6장에서 설명하겠지만, 굳은살은 치료가 가능하며, 물리요법으로 근육 약화와 아킬레스 힘줄의 경직성 혹은 발바닥 근막 인대의 경직을 막을 수 있다. 신경근육의 상태에 대한 치료는 10장에서 논의한다.

보존 치료 방법을 총동원하는데도 통증과 불안정 상태가 계속된다면 수술을 고려할 수 있다. 오목발에 대한 수술은 원인이 되는 모든 연조직과 뼈 이상을 바로잡는 것을 목표로 한다. 수술 치료로는 약화된 근육에서 잘라낸 힘줄을 보강하기 위한 힘줄 이식, 아킬레스 힘줄 확장, 인대 치료, 재정렬을 위한 뼈 절단, 교정을 위한 뼈 융합 등이 있다. 일반적으로 특정한 신경근육 질환이 있을 때처럼 오목발 상태는 시간이 흐르면서 점진적으로 악화되고 관절에 심각한 퇴행성 변화가 일어날 수 있는데, 이런 환자에게는 수술을 통한 뼈 융합을 권할 수 있다.

CHAPTER 06

발에 영향을 주는
피부 상태

우리가 잘 모르고 지나치는 사실이지만, 피부는 수많은 기능을 지닌 기관이다. 피부는 장기, 뼈, 근육, 혈액 등 몸의 내부 조직을 감싸고 감염과 화학물질 같은 환경적인 영향을 차단하는 장벽 역할을 한다. 햇볕과 물리적인 상처에서 몸을 보호하기도 한다. 열의 손실과 흡수를 조절해서 체온을 섭씨 36.5도로 비교적 꾸준하게 유지하게 해 준다. 피부는 체액 손실을 최소화해서 탈수를 막아 준다. 감각 기관으로서 촉감, 통증, 열기, 한기를 느껴 우리가 환경을 인식할 수 있도록 해 주기도 한다. 그뿐만 아니라 태양에 노출되면 비타민 D를 생성하는 작용도 한다. 요컨대, 피부는 진화 공학의 놀라운 일부분이라고 할 수 있다.

피부는 신체 각 부위의 필요에 따라 그 두께와 구조가 다양하다. 예를 들어, 눈꺼풀을 덮는 피부와 손바닥 또는 발바닥 피부의 기능은 매우 다르다. 발의 피부는 걷기와 뛰기에 따른 반복적인 압박을 견딜 정도로 질기지만 발과 발목을 움직이고 굽힐 수 있을 만큼의 유연성을 가지고 있다. 이 장에서는 먼저 피부의 해부학에 관해 알아보고, 발에 영향을 주는 공통적인 피부 상태뿐만 아니라 이런 상태의 치료법과 예방책에 관해 이야기할 것이다.

「 피부의 해부학 」

피부는 크게 두 종류로 나뉜다. 손바닥과 발바닥에서만 찾아볼 수 있는 두꺼운 피부와 그 외 신체의 다른 부위를 덮는 얇은 피부이다. 이 두 가지 피부는 모두 표피와 진피로 이루어져 있다. 진피 아래에는 피부밑 조직^{피하조직}이 있다.

표피

표피는 피부의 표면을 차지하는 부분으로, 다섯 층으로 이루어져 있다. 그 가운데 바닥층 혹은 기저층은 살아 있으며 새로운 세포를 만든다. 이런 세포의 성장은 진피에서 혈액을 통해 공급되는 양분과 산소에 의해 가능하다. 기저층에는 몇 종류의 세포가 있다. '각질형성세포(keratinocyte)'는 피부세포를 구성하는 단백질을 생산하고, 색소세포인 '멜라닌세포(melanocyte)'는 피부색을 결정하고 자외선에서 피부세포를 보호하는 역할을 한다. 기저층에서 성장한 세포들은 몇 주에 걸쳐 표피의 나머지 네 개 층으로 이동하는데, 표면 쪽으로 이동하는 동안 혈액을 공급받지 못하므로 죽어버린다. 마침내 표면에 도달해서 '각질(keratin)'이라는 마른 단백질 껍질에 불과한 상태가 될 때까지 크기가 점점 더 작아지고 수분 함량도 계속 감소한다. 이렇게 각질화된 세포는 신체와 주변 환경을 차단하는 보호막 역할을 한다.

진피

표피 바로 아래에 있는 진피는 '유두층(papillary)'과 '그물층(reticular)'으로 구성되어 있다. 이곳에서 땀샘, 털집^{모낭}, 피부기름샘^{피지선}, 혈관과 림프관, 그리고 압박, 통증, 온도를 느끼는 신경 종말 같은 모든 피부 조직을 찾을 수 있다. 이런 조직을 유지하는 아교 섬유^{콜라겐 섬유}와 피부에 유연성을 주는 탄력 섬유^{엘라스틴 섬유}도 있다. 진피의 많은 구조 중에서 관은 표피를 거쳐 표면까지 이어져 있다.

피하조직

섬유질 그물망 내부에서 지방세포로 구성된 피하조직은 진피 아래에 자리 잡고 있으며 실제로는 피부의 일부가 아니다. 피하조직은 에너지 보유고로서 지방을 저장하는 역할을 하고, 신체의 완충작용을 하며, 차가운 기온으로부터 몸을 보호해 준다.

발의 지방

발볼(발허리뼈 머리 아래)과 뒤꿈치의 바닥을 형성하는 두꺼운 지방층은 충격을 흡수하고 분산하며, 완충작용을 하고 발의 통증을 줄인다. 이 부위의 피하조직은 경계가 뚜렷하고 신체의 다른 어떤 곳보다 두껍다. 이 조직은 섬유로 만든 벌집처럼 보이며, 지방이 각 공간을 채우고 있다. 벌집 모양의 구조는 걸음을 옮길 때마다 지방세포가 발 측면으로 밀려나면서 으깨지는 것을 막아 준다.

이 지방층은 나이가 들면서 얇아지거나 위축될 수 있으며, 심지어는 위치까지 달라진다. 예를 들어, 발볼 밑의 지방층이 발가락의 기저로 이동하여 발허리뼈 머리 바로 아랫부분의 압력이나 통증이 증가할 수 있다. 또, 지방세포의 일부가 섬유질 벌집의 칸막이를 이탈함으로써 뒤꿈치 주변에 해롭지는 않지만 통증이 심한 혹이 생기는 경우도 있다. 이런 압축성 발솟음(piezogenic papules: 압력으로 인해 생기는 혹)은 비만이 있거나 발이 심하게 내전되어 뒤꿈치 안쪽에 지나친 압력이 발생하는 사람들에게서 가장 많이 발견된다.

┌ 아픈 물집 : 수포 ┐

누구나 한두 번은 뒤꿈치나 발가락 혹은 발의 측면에 수포가 생긴 적이 있을 것이다. 수포는 대개 피부를 문지르거나 마찰하면 생겨난다. 마찰이 어떻게 수포를 유발하는지 이해하려면 손가락으로 반대쪽 손을 문질러 보기 바란다. 피부가 많이 움직이지 않을 만큼 가볍게 문질러야 한다. 이 행동을 오랜 시간 반복하면 열이 나면서 수포가 생긴다. 이렇게 피부를 문지르는 것은 꽉 끼거나 뻣뻣하거나 심지어는 너무 넓은 신발을 신을 때 발에서 벌어지는 상황과 정확히 똑같다. 마찰로 인한 수포는 보통 맑은 액체로 가득 찬 피부 거품으로 나타난다. 피가 들어 있어서 빨갛거나 검붉거나 검게 보이는 경우도 있다. 수포는 알레르기, 곰팡이나 박테리아 감염, 약물에 대한 반응으로 생길 수도 있다. 이런 수포는 발의 특정 부위에서 무리를 지어 발생하는 경향이 있으며 흔히 주위의 피부가 발갛다. 이런 종류의 수포가 생기면 혼자서 치료하지 말고 피부과나 족부 전문의의 진료를 받기 바란다. 수포의 다른 원인으로는 화상, 동상, 외상(골절 수포) 등이 있다.

수포에 대응하는 최고의 전략은 처음부터 생기지 않도록 하는 것이다. 발에 지나친 압박이나 마찰이 발생하지 않도록 적당하게 맞는 신발을 신는 것과 함께 예방이 시작된다(적절하게 맞는 신발을 고르는 문제에 관한 더 자세한 내용은 3장 참고). 솔기가 없는 양말을 신는 것도 잠재적인 마찰의 원인을 제거하는 한 가지 방법이다. 또 다른 방법으로는 두 겹으로 된 양말이나 양말 두 개를 겹쳐 신는 것이 있다. 그러면 양말과 발이 아니라 양말끼리 마찰이 발생한다. 합성 섬유로 된 양말은 면양말보다 발의 습기를 더 잘 배출하는데, 축축한 피부가 손상에 더 민감하기 때문에 이런 사실은 중요하다. 체질상 발에 땀이 많이 나는 사람은 발한억제제, 녹말 혹은 텔컴파우더(땀띠에 바르는 파우더-옮긴이)를 사용하기 바란다. 자극을 막기 위해 테이프,

실리콘 패드 혹은 몰스킨(표면이 부드럽고 질긴 면직물-옮긴이)으로 수포가 생기는 부위를 계속 덮는 것이 좋다. 발에 가해지는 마찰을 줄이기 위해 바셀린, AD 연고 등의 제품을 사용하기도 한다.

마찰 때문에 발생한 맑은 액체가 든 수포는 주로 가정에서 안전하게 치료할 수 있다(당뇨나 혈액순환 장애 환자는 제외한다). 먼저 물과 항균 비누로 손과 감염된 발 부위를 씻는다. 알코올, 베타딘 용액 혹은 과산화수소로 바늘을 소독하거나 불에 달군 뒤에 식힌다. 깨끗한 바늘로 수포를 찔러 맑은 물이 흘러나오게 한다. 수포가 생긴 피부는 그 자체가 살균 드레싱 역할을 하기 때문에 그대로 둔다. 바늘로 찌른 후에도 수포가 계속 액체로 채워진다면 수포가 생긴 피부 부위를 아주 조금만 제거하고 남은 피부 껍질은 만지지 말고 그대로 둔다. 수포에서 액체가 흘러나온 다음에는 항균 비누와 물로 피부를 씻은 다음 복합 항생제 연고 같은 국소 항생제를 바르고 밴드나 거즈로 수포를 덮는다. 수포가 생긴 부위가 낫는 동안 수포를 유발하는 행동이나 마찰의 원인을 삼가야 한다. 수포 치료가 더딘 가운데 혈액순환 장애나 당뇨가 있거나 발적, 통증, 부기(감염 증상) 등의 증상이 보이면 족부 전문의의 진료를 받아야 한다. 수포에 혈액이 들어 있으면 흔히 더 깊은 층의 피부 손상을 암시한다. 이런 경우와 더불어 감염, 알레르기, 동상, 외상의 결과로 수포가 생길 때 가장 안전한 방법은 의학 전문가의 도움을 받는 것이다.

「 두꺼워진 피부 : 티눈과 굳은살 」

티눈과 굳은살은 발 부위의 피부가 두꺼워지는 '과다 각화증(hyperkeratosis)'의 결과로 생긴다. '하이퍼(hyper-)'는 과다하다는 뜻이고, '케라토시스(keratosis)'는 머리카락과 피부를 구성하는 단백질인 케라틴을 가리킨다. 따라서 과다각화증은 피부가 지나치게 축적되는 증상을 말한다. 마찰로 발생하는 수포와는 반대로 피부가 두꺼워지는 티눈과 굳은살은 엇갈림^{전단 작용}으로 발생한다. 엇갈림은 손가락으로 다른 손등을 눌러 보면 쉽게 이해가 된다. 손가락으로 피부와 피하조직이 움직일 만큼 세게 눌러 보자. 손가락과 손등 피부 아래에 있는 뼈들 사이에 있는 부분이 꽉 끼게 된다. 이처럼 눌린 피부가 움직이는 것을 엇갈림이라고 부르는데, 피부는 더 빠르게 자라면서 이런 상황에 적응하려고 한다. 정상적인 환경에서는 피부세포가 표면을 향해 이동하면서 수분을 잃고 납작해지고 케라틴 껍질로 변한다. 이것이 피부가 마찰과 엇갈림 같은 압력을 버티게 하는 보호층 역할을 한다.

케라틴 껍질로 이루어진 각질층은 계속해서 대체되기 때문에 피부 표면이 마모될까 걱정할 필요가 없다. 그러나 피부가 정상적인 수준보다 훨씬 큰 압력을 받으면 세포 성장이 더 빨라진다. 그러면 각질이 떨어져나가는 속도보다 쌓이는 속도가 더 빨라지는데, 이것이 결국 티눈과 굳은살을 유발한다. 이처럼 지나치게 두꺼워진 피부는 어느 정도는 보호막 역할에 충실할 수 있다. 예를 들어, 맨발의 무용수나 억센 밧줄을 이용해서 공연을 하는 사람 혹은 노동자나 체조선수처럼 손과 발의 같은 표면을 되풀이해서 사용하는 사람에게 굳은살은 보호막 역할을 해 줄 수 있다. 통증이 있는 수포가 형성되지 않도록 막아 주므로 오히려 도움이 되는 셈이다. 그러나 불필요한 각질이 지나치게 축적되면 티눈과 굳은살이 생겨 통증을 유발하며, 심지어는 피부가 갈라져^{균열} 박테리아 감염의 위험이 커진다. 굳은살과 티눈은 엇갈리는 압력에 반복적으로 노출되는 발 부위에 과다한 각질이 형성되면서 생긴다는 공통점이 있지만, 외관, 증상, 치료 방법은 다르다.

굳은살

굳은살은 일반적으로 발바닥의 단단한 피부 부위에서 나타난다. 매우 넓은 부위를 덮으며 퍼지거나 확산되며 그림 6.1에서 볼 수 있는 것과 같이 피부선이 넓어지거나 돌출되어 있다. 굳은살은 아무런 증상이 없을 수도 있는데, 이런 경우에는 당뇨, 혈액순환 장애, 발의 보호 감각 상실, 신경병증 혹은 말초동맥 질환을 앓는 환자가 아니라면 모르고 지나치기 쉽다. 하지만 굳은살 때문에 둔한 통증이나 성가시고 화끈거리는 느낌이 드는 경우도 있다. 굳은살은 부석(화산의 용암이 갑자기 식어서 굳은 돌로, 물에 뜰 만큼 가볍고 작은 구멍이 숱하게 나 있다-옮긴이)이나 에머리보드(손톱 모양을 다듬는 도구로, 부드럽고 거친 사포가 달린 일명 손톱 줄-옮긴이)로 과다한 각질을 갈아 내는 방법으로 직접 치료할 수 있다. 앞서 언급한 위험군에 속하지 않는다면 페드에그

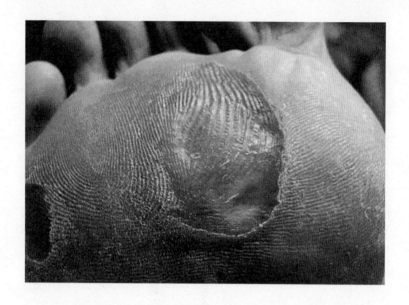

그림 6.1 굳은살이 피부선을 넓혀 놓았다. 굳은살 안에 티눈이 생긴 병변이다.

등 면도기와 비슷한 다양한 시판 각질제거기를 사용해도 된다. 각질을 깎아 낸 부위에 진정 크림을 발라 준다. 젖산, 요소 혹은 라놀린을 함유한 제품이라면 모두 좋은 연화제 역할을 한다. 부드러운 안창은 발바닥의 굳은살에 추가적인 완충작용을 한다. 시판되는 안창이나 신발 속의 일반적인 안창에 패드를 덧대면 굳은살에 몰리는 체중을 덜어 준다.

티눈

티눈은 대개 굳은살보다 작고 더 깊이 자리 잡는다. 굳은살과

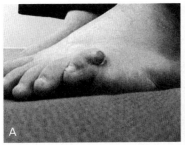

그림 6.2 (A) 새끼발가락에 생긴 단단한 티눈. (B) 제거된 티눈 주위에 붙인 구멍 있는 패드.

마찬가지로 피부선이 남아 있다. 그림 6.2처럼 두꺼워진 피부가 발가락 위나 사이에 생기면 흔히 단단한 티눈 혹은 '헤로마 두라 (heloma dura)'로 불린다. 단단한 티눈은 대개 신발의 압력으로 생기는 망치발가락 등에 의한 돌출된 주먹결절 위에 발생한다. 발가락 사이의 티눈은 일반적으로 인접한 발가락의 압력에 기인한다. 티눈이 발가락 사이의 갈퀴막 공간^{지간} 속 깊숙한 곳에 형성되면 땀에 부드러워져서 희고 통통 부은 외형을 띨 수 있다. 이런 티눈을 부드러운 티눈 혹은 '헤로마 몰(heloma molle)'이라고 부른다.

단단하든 부드럽든 티눈은 많은 불편을 준다. 통증이 없거나 약간 쓰리거나 심하게 아프고 따가울 수 있다. 증상의 강도는 티눈의 깊이 혹은 그 아래에 주머니염^{윤활낭염}이 진행되고 있느냐와 관련이 있다(윤활낭염은 뼈나 힘줄과 피부 사이에 있는 '윤활낭'이라는 작은 주머니에 생긴 염증을 말한다). 티눈을 위에서 누를 때보다 티눈 아래 부위를 양쪽에서 짤 때 통증이 더 심해지면 윤활낭염을 의심해 볼 수 있다.

티눈은 가정에서 쉽게 치료할 수 있다. 하지만 당뇨나 혈액순환 장애, 발의 보호 감각 상실 혹은 면역 체계 약화 등의 증상이 있는 경우는 예외다. 이런 상황이라면 족부 전문의를 찾아가 통증이 있는 티눈을 치료해야 한다. 자가 치료 방법으로는 목욕을 하고 피부가 부드러워져 있을 때 에머리보드로 부드럽게 가는 것이 좋다. 갈아 낸 뒤에는 그림 6.2 (B)처럼 압박을 줄이기 위해 (티눈에 직접 하는 게 아니라) 티눈 가장자리에 구멍이 뚫린 패드를 붙인다. 살리실산이 든 티눈 패치를 단단한 티눈에 붙여도 된다(부드러운 티눈은 제외). 살리실산은 티눈을 부드럽게 하여 녹이므로 나중에 병변을 벗겨 내기만 하면 된다. 이 패치는 병변의 정확한 크기에 맞추어 잘라야 정상 피부가 손상되지 않는다. 발가락 사이의 갈퀴막 공간에는 이 패치를 사용하면 안 된다. 피부가 짓물러 감염이 쉽기 때문이다. 염증과 통증을 줄이기 위해 얼음과 이부프로펜이나 나프록센 같은 비스테로이드성 소염제를 사용한다. 마지막으로, 티눈 재발을 최소화하기 위해 꽉 끼거나 잘 맞지 않는 신발은 피하는 것이 좋다.

자가 치료를 하고 몇 주가 지나도록 증상이 개선되지 않는다면 족부 전문의를 찾아가는 게 좋다. 족부 전문의가 염증을 줄이기 위해 메스로 단단한 피부를 잘라내고 주위에 패딩을 대고 티눈 아래의 감염된 조직에 코르티손 용액을 넣을 수도 있다. 그러면 윤활낭이 수축하면서 통증이 감소한다. 깎고 도려내고 패딩을 붙이는 보수적인 치료는 티눈을 다스리는 방법으로 충분하다. 그러나 이런 방법으로도 치료되지 않는다면 수술이 필요하다. 족부 전문의가 뼈 돌기나 망치발가락처럼 속에서 뼈가 돌출된 것이 티눈의 원인일 수 있다고 판단하면 정확한 진단을 위해 X선을 찍게 한다. 이럴 경우 단순히 티눈을 다듬는 방법으로는 장기적인 문제 해결이 불가능하다. 티눈이 몇 주 사이에 다시 자라날 것이기 때문이다. 따라서 잠재적인 원인을 찾아내야 한다. 이 책에서는 엄지 건막류, 망치발가락, 발허리통증(모두 8장에서 설명), 편평발(5장) 등 티눈(과 굳은살)을 유발하는 여러 원인에 관해 다루고 있다.

굳은살 속 티눈

가끔 굳은살에서 더 두꺼운 부분이 발생하면서 그림 6.1처럼 이른바 '굳은살 속 티눈'이 생기는 경우가 있다. 이 병변은 대개 통증을 동반한다. 이것은 돌출된 뼈 바로 아래, 가령 발허리뼈 머리 아래에서 형성되면 '난치성 발바닥 각화증(intractable plantar keratoma, IPK)'이라고 불린다. IPK는 아주 깊고 투명에 가까운 병변으로 나타나는데, 절개를 하면 발에 움푹 팬 부분을 남긴다. 이 병변은 흔히 발바닥 사마귀(plantar warts)와 혼동되지만, 사마귀는 양배추 형상을 띠고 깎아 내면 핀으로 찍은 것 같은 출혈을 보인다. 깎아 내기, 패드 붙이기, 쿠션 안창을 까는 방법을 포함한 자가 치료에도 몇 주 동안 개선되지 않으면 전문가의 도움을 받아야 한다.

또 한 가지, 흔하지 않은 각화증의 하나인 한공각화증(porokeratoma)

이 돌출된 뼈 바로 아래는 아니지만 인접한 곳에 나타날 수 있다. 이런 병변에는 반드시 통증이 따른다. 겉 부분을 다듬고 나면 중심부는 투명에 가깝고 티눈 주변에 둥글고 흰 테가 생기는 경향이 있다. IPK보다 출혈 가능성이 높고 막힌 땀샘 때문에 발생하는 것으로 알려져 있다.

IPK와 한공각화증에 대한 보존 치료로는 겉 부분을 다듬고 난 뒤에 티눈 패드, 시판 안창 혹은 맞춤식 교정기로 압박을 줄이는 방법이 있다. 대개 다듬는 방법을 통해 4주에서 8주 동안 증상이 호전되는데, 살리실산을 바르면 12주 이상 효과가 지속될 수 있다. 살리실산을 함유한 패치는 단단한 티눈에 한해 앞서 설명한 방법대로 사용하면 된다. 한공각화증에 대한 소파술(수술로 긁어내는 방법)은 50퍼센트 정도 성공할 가능성이 있지만 잠재적인 원인이 뼈 돌출이므로 각화증을 치료하는 방법이 될 수는 없다. 다듬기, 패드 대기, 교정기로도 IPK를 적절하게 다스리지 못한다면 수술 치료를 고려해야 한다. 튀어나온 발허리뼈 머리가 원인이라면 병변 아래의 발허리뼈 머리를 들어올리는 수술이 이루어진다.

「 피부에서 피는 양배추 꽃 : 사마귀 」

많은 사람이 사마귀 때문에 족부 전문의를 찾아간다. 사마귀는 표피의 양성 종양으로 분류되며, 사람 유두종 바이러스(human papillomavirus, HPV) 등의 바이러스가 그 원인이다. 이 바이러스가 세포의 핵에 침입해서 그 성장을 담당하므로 피부가 매우 빠르게 자라기 시작한다. 이 빠른 성장은 각질 축적으로 이어지는데 겉으로는 티눈과 비슷해 보인다. 그러나 사마귀는 울퉁불퉁한 양배추 꽃 형상을 띠고 가까이서 관찰하면 작고 검은 점들이 보이는데, 이는 모세혈관에서 시작된 마른 혈전 때문이다. 티눈이나 굳은살과 달리 사마귀에서는 정상적인 피부선이 보이지 않는다.

티눈과 구별하기 위해 사마귀의 겉면을 깎기도 한다. 사마귀를 다듬으면 점 같은 출혈을 확인할 수 있다. 표피에 생긴 부풀어오른 테두리 사이의 작은 모세혈관들이 칼날에 잘려 나가기 때문이다.

사마귀는 흔히 티눈이나 굳은살과 같은 위치에서 발생한다. 발허리뼈 머리처럼 체중이 많이 실리는 뼈 돌출 부위가 그런 위치에 해당한다. 그러나 티눈이나 사마귀와 달리 아치 밑과 발등처럼 하중을 받지 않는 부위에도 생길 수 있다. 발 밑바닥에 생긴 사마귀는 '발바닥 사마귀' 혹은 의학 용어로 '족저 사마귀(verruca plantaris)' 라고 부른다. 발등에 생기는 사마귀는 위로 돌출하거나(보통 사마귀, verruca vulgaris) 편평(편평 사마귀, verruca plana)하다. 사마귀는 단독으로 혹은 '모자이크양 족저 사마귀(mosaic warts)'처럼 무리를 지어 발생한다. 모자이크양 족저 사마귀는 확산이 빨라서 치료가 어렵다. 사마귀는 커다란 모 사마귀와 수많은 작은 딸 사마귀들이 함께 있는 형태로 발생하기도 한다. 일반적으로 사마귀는 증상이 없는 아주 작은 것에서 시작하지만 크기가 커지면서 흔히 침으로 찌르는 듯한 통증을 유발한다.

사마귀를 유발하는 HPV 바이러스는 전염이 된다. 따라서 사마귀가 있는 가족과 함께 사용하는 목욕탕뿐만 아니라 공중목욕탕, 탈의실, 수영장에서 맨발로 걷다가 바이러스와 접촉하는 과정에서 발생할 수 있다. 다른 사람에 비해 HPV 바이러스에 잘 감염되는 사람도 있다. 한 번 사마귀가 발생한 사람은 재발 가능성이 높다. 면역계가 약한 사람은 더 쉽게 감염된다. 유전적인 연관성이 있다고 생각하는 의사도 있지만, 가족 중 구성원 몇 명에게 발생하는 사마귀는 단순히 공동으로 사용하는 물건을 통한 감염의 결과로 보인다.

사마귀는 치료될 수 있지만 공격적인 치료로도 없애지 못하는 경우도 더러 있다. 자가 치료로 (매니큐어를 바르는 것과 비슷하게) 살리실산을 함유한 액을 바르거나 패치를 붙이는 방법이 있다. 살리실산 액을 이용할 때는 매일 바르면서 그 부위에 밴드나 테이프를 붙이기 바란다. 약이 쌓여서 두꺼워지면 속의 피부를 건드리지 않게 주의하면서 겉면을 잘라낸다. 사마귀가 완전히 사라질 때까지 이 과정을 반복한다. 패치를 사용할 때는 티눈의 경우와 마찬가지로 병변의 겉면을 잘라내고 붙인다. 패치는 샤워나 목욕을 하고 난 뒤에 피부가 깨끗하고 소독되어 화학약품이 더 잘 침투될 때 붙이는 것이 가장 좋다. 발바닥 사마귀 치료는 피부가 더 두껍고 시판약품으로는 치료되지 않을 때를 제외하고는 기본적으로 다른 사마귀의 치료법과 같다. 발바닥 사마귀가 있는 어린이의 경우에는 가정 내 치료와 전문가의 관리를 혼합하는 것이 좋다. 가족이 매일 살리실산을 발라 주고 2주에 한 번씩 족부 전문의가 겉면을 도려내는 것이다.

사마귀가 사라지지 않고 오히려 더 퍼지고 출혈, 통증, 염증이 생기거나 몇 주 안에 개선의 징후가 보이지 않는다면 전문의와 상담해야 한다. 말끔히 사라졌다가 재발하는 병변이 있어도 의사의 진단을 받아야 한다. 몇 가지 피부암의 모양이 사마귀와 아주 비슷하기 때문에 전문의조차 초기 치료에 실수를 범할 수 있다. 족부 전문의, 가족 주치의 혹은 피부과 전문의가 치료할 수 있는 방법으로는 소파술과 전기 건조법(멜론 스쿱과 비슷한 작은 기구로 사마귀를 제거한 다음에 전기로 해당 부위를 태우는 방법), 주로 액화 질소로 사마귀를 얼려서 부수는 저온 수술, 강력한 약품을 바르거나 투여하는 화학적 부식 등이 있다.

가끔 사마귀는 다른 종양과 비슷하게 치료되기도 한다. 먼저 성장을 막기 위해 약품을 사용하고, 병변이 작아지면 남은 부분을 도려낸다. 보통은 다양한 치료법을 시도하지만, 어떤 치료에도 성공하지 못하는 경우도 있다. 고질적인 사마귀는 정확한 진단을 위해 조직 검사를 한다. 족부 전문의가 치료에 호전이 없거나 재발이 계속되는 사마귀에 대해 피부과 전문의 등 다른 전문가에 의한 2차 소견과 치료를 권할 수도 있다.

사마귀의 재발을 최소화하려면 발을 항상 청결하고 건조하게 유지하고, 땀이 많이 나면 파우더를 뿌리고, 공공장소에서 신발을 신어야 한다. 어떤 전문의는 표백제나 리졸의 10퍼센트 희석액으로 집 안의 목욕탕과 모든 신발을 소독하고, 재발률이 높은 경우에는 신발을 버리라고 조언한다. 하지만 이런 방법이 효과가 있을까? 과학적인 증거는 전혀 없다.

「 운동선수의 전용물이 아닌 '운동선수의 발' 」

(운동선수의 발[athlete's foot] : 과거 위생 개념이 없던 시기에 운동선수들이 사용하는 탈의실 바닥이 축축해 무좀이 많이 발생했다고 붙여진 이름으로, 흔히 족부백선 혹은 무좀으로 불린다―옮긴이)

'족부백선^{발피부 곰팡이증}' 혹은 무좀은 족부 전문의를 찾게 되는 흔한 피부 문제다. 기본적으로 무좀은 곰팡이와 이스트에 의한 감염을 말한다. 슈퍼마켓에서 사는 버섯을 포함해서 곰팡이의 종류는 수천 가지가 넘지만, 단 몇 가지가 인간에게 질병을 일으키는 병원체로 작용한다. 무좀의 원인인 곰팡이는 '피부사상균(dermatophytes)'으로, 수많은 종류의 박테리아와 함께 적은 숫자로 우리 몸에 기생한다. 이런 곰팡이와 박테리아는 표피의 최상위층에서 발견된다.

이런 피부 곰팡이는 평소에 아무 문제도 일으키지 않지만 성장에 알맞은 환경이 만들어지면 질병을 유발할 수 있다. 곰팡이는 따뜻하고 어둡고 다습한 환경을 선호하는데, 주로 밀폐된 신발 안이 이런 조건을 완벽하게 충족한다. 따라서 발은 곰팡이 감염이 빈번한(유일하지는 않지만) 장소다. 발에 곰팡이가 감염될 위험성은 공중목욕탕처럼 감염된 표면에 노출되어도 증가한다.

무좀의 형태는 두 가지가 있다. 자가 치료로 빠르게 호전되는 급성 백선과 치료가 어렵고 잘 재발되는 만성 백선이다. 급성은 '트리코파이톤 멘타그로피테스(Trichophyton mentagrophytes)'라는 긴 이름의 곰팡이가 그 원인이다. 이 곰팡이에 의한 감염은 일반적으로 늘어진 작은 물집이나 약간 올라온 붉은 혹으로 확인할 수 있다. 이런 발진은 흔히 체중이 실리지 않는 발의 아치에서 발생한다. 가끔 발 가장자리를 따라 나타나기도 하지만 발등에는 잘 생기지 않는다. 보통 매우 가렵고(소양증) 발가락 사이의 갈퀴막 공간에서 발생하면 피부가 붓고(희게 무름), 트거나 갈라지고, 불쾌한 냄새를 풍긴다.

만성 백선은 '트리코피톤 루브룸(Trichophyton rubrum)' 계통의 곰팡이에 의해 발생하며, 흔히 건조한 피부 정도로 오인된다. 주로 분산된 각질로 나타나고, 가끔 모카신을 신은 것처럼 발바닥 전체가 홍조를 띠기도 한다. 만성 백선은 통증이나 가려움 증상이 없는 경우도 있지만 감염이 발톱으로 확산되는 원인이 될 수 있다.

급성 족부백선은 대체로 자가 치료에 잘 반응한다. 만성 족부백선은 족부 전문의의 진료를 받아야 할 만큼 치료가 어렵고 시간도 많이 걸린다. 만성 족부백선을 치료하는 데 경구용 약이 필요한 경우도 있다. 급성이나 만성 족부백선을 치료하려면 비누와 물로 발을 씻은 뒤에 갈퀴막 공간에 특별히 유의하면서 완전하게 말려야 한다. 발이 건조되면 로트리민(Lotrimin: 성분명 클로트리마졸), 티낙틴(Tinactin: 톨나프테이트) 혹은 라미실(Lamisil: 터비나핀) 같은 시판 연고를 바른다. 1~4주 정도에 연고를 하루 두 번씩 바르면 문제가 해결되어야 한다. 감염이 한 달 안에 사라지지 않으면 족부 전문의에게 연고나 경구용 약을 처방받아야 한다. 족부 전문의에게 라미실 캡슐 같은 경구용 약을 처방받으면 치료 기간은 2주 정도 걸린다.

감염이 완전히 사라지고 나면 감염 재발을 막기 위해 발과 발가락 사이, 그리고 신발에 항진균성 파우더를 뿌리면 도움이 되며 특히 땀이 많이 나는 사람에게 좋다. 신발을 매일 바꾸어 신고 공공장소에서 신발을 신는 것으로 무좀에 감염될 확률을 최소화할 수 있다. '다한증(hyperhidrosis)'이 있어서 과다하게 땀을 흘리는 사람은 국소 연고나 염화알루미늄을 함유한 용액(의사의 처방이 필요하다)을 바르면 발과 갈퀴막 공간을 더 건조하게 유지하는 데 도움이 된다. 다한증이 있다면 하루에 두세 번 신발을 갈아 신고 면양말 대신 습기를 잘 제거하는 합성 섬유 양말을 신기 바란다.

「 가려움의 원인 : 피부염 」

누구나 가려운 피부 때문에 짜증스러웠던 경험이 있을 것이다. 의학 용어로 '소양증(pruritus)'이라고 하는 가려움증은 매우 흔한 피부 문제로, '피부 감염' 혹은 피부 발진을 뜻하는 일반적인 용어인 '피부염(dermatitis)'의 증상이다. 피부염과 그로 인한 가려움증은 다양한 원인에 따라 피부가 받는 약한 자극에 의해 발생한다. 식물의 꽃가루, 동물의 비듬, 공기에 포함된 환경오염 물질처럼 호흡을 통해 빨아들인 물질에 대한 알레르기가 흔히 피부염을 일으킨다. 곤충에 쏘여 가려움증이 유발되는 사람도 많다. 동물, 금속, 접착제, 염색약, 심지어는 세제와 비누 같은 접촉성 알레르기원도 있다. 어떤 사람은 먹는 음식으로도 피부염과 가려움증을 경험한다. 특히 당뇨나 기타 대사 이상 증상을 보이는 노인들이 건조한 피부, 습진, 몇 가지의 곰팡이 감염으로 가려움을 호소하는 경우가 많다.

사람마다 가려움의 정도를 다르게 인식하므로 개개인의 반응도 천차만별이다. 지나치게 긁으면 피부 각질화와 변색^{태선화,}(lichenification)으로 이어질 수 있다. 심리적인 이상이 있는 사람에게는 출혈과 감염을 일으키는 신경성 피부염으로 진전되기 쉽다. 족부나 피부과 전문의는 보통 환자의 병력을 검토하고 피부를 검사하여 피부염과 가려움증의 원인을 찾는다. 때로는 정확한 진단을 위해 피부와 피하조직에 대한 조직 검사를 실시하기도 한다.

건조한 피부가 문제라면 요소, 젖산, 글리세린을 함유한 시판 국소 연고나 로션이 도움이 될 수 있다. 발이나 다른 부위가 건조하다면 샤워나 목욕을 매일 한 번씩이 아니라 수시로 하고, 욕조에 들어가 있는 시간을 줄이고, 보습 비누를 사용하는 것이 좋다. 가벼운 피부염과 가려움증, 초기 증상은 시판되는 1퍼센트 하이드로코르티손 연고로 자가 치료가 가능하다. 물론 코르티손이 염증을 줄일 수는 있지만 감염에 대한 인체 저항력을 떨어뜨릴 수도 있다는 점은 감안해야 한다. 당뇨병, 혈액순환 장애 혹은 면역력 저하를 겪는 경우에는 자가 치료를 추천하지 않는다. 그런 상황에 있거나 시판 치료제로도 가려움 문제를 해결할 수 없을 때는 피부과나 족부 전문의와 상담해야 한다. 전문의는 대체로 국소 코르티손 크림, 보습 크림, 로션, 샴푸, 그리고 간혹 항히스타민제나 경구용 스테로이드 치료제로 피부염과 가려움증을 치료할 것이다.

갈라지고 벗겨지는 피부 상태는 건선, 습진, 접촉성 피부염, 약물 알레르기 등을 아우르는 '벗음 피부염^{박탈 피부염}(exfoliative dermatitis)'의 범주에 속한다. 이런 피부 이상 증상이 한 가지라도 보인다면 피부과 전문의와 상담할 것을 권한다.

┌ 추위로 인한 외상 : 동창과 동상 ┐

동창(pernio)과 동상은 피부가 차가운 기온에 노출되어 발생하는 손상이다. 동창은 더 흔하게 나타나고 덜 심각하다는 차이가 있지만 둘 다 조직 손상을 부른다. 발과 손은 추위에 대한 신체 반응 때문에 기온에 의한 손상이 잘 발생하는 부위다.

동창

손과 발의 피부를 지나는 혈관은 추위에 노출되면 수축한다(즉 혈관의 직경이 감소한다). 이런 수축은 신체의 끝부분으로 전달되는 혈액의 양을 줄여 결과적으로 열을 제한한다. 혈액이 적절하게 흐르지 않으면 피부세포가 괴사하면서 동창이 생긴다. 동창의 영향을 받은 부위는 대체로 자줏빛이나 검붉은 색조를 띤다. 이런 부위는 손으로 누르면 하얗게 변했다가 압력이 사라지면 다시 자주색이나 짙은 붉은색으로 서서히 되돌아간다. 초기에는 통증이 있다가 며칠 혹은 몇 주가 지나면 심하게 가려워진다. 가끔 물집이 생기거나 벗겨지고 심지어는 궤양^{개방창}이 생기기도 한다. 어떤 사람은 다른 사람보다 동창에 더 잘 걸린다. 특히 추위에 지나치게 반응하여 심각한 혈관 수축을 일으키는 레이노병(Raynaud phenomenon)을 앓은 적이 있는 사람은 주의해야 한다.

동창이 발생하면 영구적인 조직 손상을 피하기 위해 추위에 노출되는 것을 제한해야 한다. 따뜻한(혹은 뜨거운) 전기담요를 문제가 되는 부위 바로 위가 아닌 가까운 곳에 올려놓고 은은하게 데워준다. 예를 들어, 발가락에 동창이 생기면 뜨거운 패드를 무릎 뒤쪽에 놓고 발로 연결된 혈관을 확장시킨다(열어 준다). 또한 손상을 막기 위해 피부를 청결하게 유지하고 압박을 없애기 위해 꼭 끼는 양말을 신지 않는다. 비스테로이드성 소염제와 알로에 베라 성분을 함유한 로션을 쓰면 동창에 의한 통증, 가려움증, 불편을 덜 수 있다. 족부 전문의나 가족 주치의는 주로 경련이나 혈관 수축을 완화하는 경구용 약제인 바소딜레이터를 처방해서 동창을 치료한다. 손상 부위와 연결된 주요 혈관 위에 나이트로글리세린 패치를 붙이는 방법도 있다. 발바닥이나 발가락에 동창이 생긴 경우에는 발목뼈 뒤의 뒤꿈치 가장자리 안쪽을 따라 흐르는 동맥에 패치를 붙인다.

겨울철 동창을 예방하려면 야외 활동을 할 때 털양말과 함께 보온성이나 단열성이 좋은 부츠를 신는 것이 좋다. 또 야외 활동을 앞두고 몇 시간 전부터 니코틴, 카페인 음료, 초콜릿(카페인과 유사한 영향을 주는 성분이 들어 있다) 등 혈관 수축의 원인이 되는 것은 피해야 한다. 포장을 뜯어 작용하는 소형 보온 패드를 쓰는 사람들도 있다. 스키나 스케이트 부츠 안에 이런 패드를 넣기도 한다. 하지만 피부에 물집이 생기거나 상처를 입지 않도록 주의해서 사용해야 한다. 당뇨병, 말초동맥 질환 혹은 말초신경병증이 있을 때는 절대 사용하지 말아야 한다. 동창이 계속 재발하는 경우, 족부 전문의는 가능한 원인을 찾기 위해 혈액 검사를 주문하기도 한다. 이 검사로 추위에 노출되면 혈액에서 생성될 수 있는 한랭글로불린이라는 단백질의 존재 여부를 파악할 수 있다. 이 단백질은 혈관에 손상을 입혀 동창을 유발한다.

동상

동상은 동창보다 심각하다. 피하조직, 신경, 혈관, 힘줄 등 피부와 연조직이 실제로 어는 결과를 부르기 때문이다. 세포 밖의 액체가 얼면 세포 속의 액체가 유출된다. 그러면 세포는 탈수되어 죽고 만다. 혈관이 손상되면 혈액이 주변 조직으로 유출되어 감염과 부기가 생기고 조직 손상이 심해진다. 더욱이 혈관 속에 핏덩어리^{혈전}가 생겨 조직에 도달하는 산소의 양이 줄어들 수 있다. 동상을 입으면 처음에는 그 부위가 차갑다가 점점 창백해지고 납빛을 띤다. 피부가 녹으면서 동상을 입은 부위는 빨갛게 변하고 작은 수포^{잔 물집}(vesicles)나 더 큰 수포^{큰 물집}(bullae)가 생긴다. 주로 그 부위에서 통증이 느껴진다.

동상은 비교적 덜 심각한 피상적인 유형과, '괴저'라는 되돌리기 어려운 조직 괴사로 이어질 가능성이 있는 심층적인 유형이 있다. 피부가 불그스름하거나 수포나 움푹 팬 자국이 있으면 피상적인 유형으로 본다. 그 반면에 피부가 어두운 납빛이고 핏빛의 수포가 있으며 단단하거나 탄력이 없으면 심층적인 유형에 해당한다. 손상의 전체적인 범위를 알려면 며칠, 몇 주, 심지어는 몇 달이 걸릴 수도 있다. 피부가 어떻게 보이는지와 상관없이, 동상은 훈련된 의학 전문가의 응급치료를 받아야 한다. 의학적인 관리가 가능할 때까지 환자를 따뜻한 환경으로 이동시키고 젖었거나 몸을 속박하는 옷과 장신구를 제거하는 것이 중요하다. 다시 얼 수 있는 상황이라면 동상을 입은 피부를 따뜻하게 하면 안 된다. 극적으로 악화된 결과로 이끌 수 있기 때문이다. 부기가 심해지는 것을 막기 위해 손상된 부위의 위치를 높이고, 추가적인 피부 손상을 막기 위해 피부를 문지르거나 주무르면 안 된다. 동상에 걸린 사람은 체온 저하를 경험할 수 있으므로 수프 같은 따뜻한 음식으로 수분을 보충해 주어야 한다. 초콜릿과 카페인 음료는 혈관 수축 작용을 하므로 삼가야 한다. 동상 부위를 보온할 때 빠르게 해야 하느냐, 천천히 해야 하느냐는 오랜 세월 동안 논란거리였다. 현재는 동상 부위를 절대 따뜻하게 하지 말고 곧바로 전문가의 검사를 받아야 한다는 조언을 주로 한다.

「 피부 표면에 생기는 문제 : 반점, 성장, 병변 」

우리는 저마다 피부에 수없이 많은 점과 성장 그리고 병변을 가지고 있지만 다행히 걱정할 원인이 될 만한 것은 거의 없다. 그렇다고는 하더라도 해마다 많은 사람이 피부암을 진단받고 있으며, 더러는 심각한 경우도 있다. 치료 성공은 진단을 얼마나 빨리 하느냐와 직접적인 관련이 있으며, 자가 검진은 조기진단의 가능성을 높이는 유일무이한 수단이다. 다양한 반점과 유의할 점에 관한 지식을 갖추고 있다면 피부 병변이 의학적인 조언을 구해야 할 만큼 심각한지, 그렇지 않은지 판단할 수 있다.

일광 각화증

일광 각화증은 '광선 각화증(actinic keratosis)'이라는 다른 이름에서 알 수 있듯이 햇볕에 의해 발생한다. 각화증은 케라틴이라는 단백질을 포함한 피부 조직의 과다 성장을 가리킨다. 일광 각화증은 병변이 울퉁불퉁하고 붉으며 보통 흰 각질로 덮여 있다. 크기는 아주 작은 것에서 지우개보다 약간 큰 것에 이르기까지 다양하다. 대개 광선 각화증은 살결이 희고 태양에 오래 노출된 경험이 있는 사람에게서 발견된다. 이 증상은 공통적으로 발과 다리 앞쪽에서 발생한다. 이 병변 중 일부가 몇 년에서 몇십 년에 걸쳐 진행되면서 '편평 세포암종'이라는 피부암으로 굳어지는데, 그 비율은 낮다. 치료 방법으로는 액화 질소로 병변을 얼려서 깨는 냉동 외과수술, 의사의 처방에 따라 적용하는 국소 항암제, 수술로 병변을 긁어내는 소파술, 병변을 제거하고 피부 가장자리를 봉합하여 부위를 덮는 수술적인 절제 등이 있다. 발이나 다리에 일광 각화증을 의심할 만한 증상이 나타나면 족부 전문의나, 피부과 전문의의 조언을 구하고 치료를 받아야 하는데, 되도록 피부과 전문의에게 가는 것을 추천한다.

지루성 각화증

'지루성 각화증(seborrheic keratosis)'은 일반적으로 사마귀가 무성하게 나고 짙은 갈색이나 검은색 혹은 가끔은 납빛을 띠는 울퉁불퉁한 병변을 가리킨다. 광선 각화증과 비슷하지만 햇볕이 원인은 아니다. 지루성 각화증은 가족 구성원 사이에서 발생하며 양성인(암이 아닌) 경우가 많다. 또한 옷 때문에 자극을 받지 않는 정도면 치료가 필요하지 않다.

색소반

눈과 머리카락의 색깔과 마찬가지로 피부색 역시 색소세포와 멜라닌 형성 세포에 의해 결정된다. 멜라닌 형성 세포가 밀집하거나 덩어리져 있으면 그 결과는 '모반(nevus)'으로 나타난다. 흔히 출생점이나 기태라고 부르는 모반은 대부분 양성 병변이지만 시간이 지나며 악성이 될 수도 있다. 모반처럼 멜라닌 형성 세포가 밀집하지는 않지만 수적으로 증가해서 만들어지는 또 다른 반점을 '흑색점(lentigo)'이라고 한다. 흑색점은 갈색이나 검은색 점으로 나타나기 때문에 구별하기 쉬운 작은 반점이며, 악성도 더러 있다. 노인에게 흔히 나타나는 양성 반점을 검버섯이라고 부른다.

「 피부암 」

발이든 신체의 다른 어떤 부위든 모든 종류의 피부암은 최선의 치료 효과를 위해 신속하게 규명되어야 한다. 특히 악성 흑색점이나 비정형적인 반점을 구별하기 위해 그런 반점에서 찾아볼 수 있는 'A-B-C-D-E'의 특징을 알아두면 도움이 된다. 다음 질문에서 한 가지 이상 '그렇다'라는 대답이 나온다면 문제가 있다는 것을 암시한다. 걱정되면 가족 주치의나 족부 전문의 혹은 피부과 전문의의 진료를 받기 바란다.

- **비대칭성(Asymmetry)**: 병변의 중심을 지나는 선을 그어서 반으로 나뉜 두 부분이 다르게 보이는가?
- **경계(Borders)**: 병변의 경계나 가장자리가 흐릿하거나 들쭉날쭉하거나 불규칙적이거나 톱니 모양인가?
- **색깔(Color)**: 병변의 색깔이 갈색, 짙은 갈색, 검은색, 붉은색, 파란색 혹은 흰색 등으로 다양하거나 변화하는가?

▪ **직경**(Diameter): 병변의 크기가 커지는가? 병변이 모반이라면 직경이 6밀리미터 이상 혹은 지우개 연필보다 더 커졌는가?

▪ **융기**(Elevation): 병변이 피부 위로 솟아올라 있는가?

한 가지 특징을 추가하자면, 병변에 있는 발진이 커지거나 출혈이 있거나 낫지 않는 경우다. 모반을 비롯한 반점은 쉽게 확인하지 못하는 부위에 있거나 체중을 받는 발의 어느 한 부분(뒤꿈치, 발바닥, 발가락 아래)에 있어서 옷이나 신발을 신을 때 자극이 된다면 제거하고 조직 검사를 해야 한다.

세계적으로 유명한 흑색점 권위자이자 외과 전문의가 이런 말을 한 적이 있다. "'지켜보자'는 것은 없다. 무엇을 지켜본다는 것인가? 그것이 암으로 바뀌는 것을 지켜본다는 것인가? 지켜볼 필요가 있는 것이라면 제거할 필요가 있다." 인체에서 반점과 성장이 빈번하게 발생한다는 점을 감안한다면 많은 사람이 어느 시기가 되면 검사를 받을 필요가 있다. 쓸데없이 불안감을 조성하고 성장하는 병변을 모조리 제거해야 한다고 말하고 싶은 것은 아니지만, 항상 병변에 관심을 가지고 신중하게 살펴볼 필요가 있다. 그리고 병변이 의심스러우면 의학 전문가의 조언을 구해야 한다.

악성 피부 병변에 대한 치료는 증상의 크기, 깊이, 위치 등 암의 종류와 발달 단계에 따라 달라진다. 피부암에는 덜 공격적인 종류가 있는데, 조직 검사를 한 번 받으면 정기적인 관리 외에 추가 치료가 필요하지 않다. 다른 경우에는 병기 결정이 필요한데, 이는 암이 림프절이나 신체의 다른 부위로 확산되었는지 평가한다는 뜻이다. 이런 평가에서 의사가 사용하는 도구로는 감시 림프절 생검, 양전자 방출 단층촬영(PET)을 비롯한 영상진단 기법들이 있다. 일단 병기 결정 과정이 완료되면 의학 전문가로 이루어진 팀과 상담하며 적절한 치료법을 찾을 수 있다. 이 팀은 방사선 종양 전문의, 종양학자, 외과 암 전문의, 그리고 종양의 위치와 발이 포함된 정도에 따라 족부 전문의로 이루어질 수 있다.

바닥 세포암종

가장 흔한 피부암은 '바닥 세포암종^{기저 세포암종}'으로, 잦은 햇볕 노출이 주원인으로 알려져 있다. 이 암은 보통 얼굴에 생기지만 발등에도 영향을 줄 수 있다(특히 자외선 차단제로 발등을 보호하는 것이 중요하다. 이 부위의 피부가 태양에 직접 노출되기 때문이다). 다행히 바닥 세포암종은 다른 부위로 확산되는 일이 드물다. 외관은 다양하지만 일반적으로 병변이 반투명한 납빛이나 흰 빛깔의 작은 혹으로 시작하며 가운데가 움푹 들어가거나 구멍이 있는 형상이다. 병변의 피부로 거미줄 같은 작은 혈관들이 지나갈 수 있는데, 이를 의학 용어로 '모세혈관 확장증(telangiectasia)'이라고 하며, 일반적으로 경계 부분이 말려 있는 것처럼 보인다. 병변이 자라면서 가운데의 움푹 들어간 부분 위로 껍질이 생기기도 한다. 이 껍질이 무른 경우에는 출혈이 생긴다.

치료 방법은 병변의 크기와 위치에 따라 달라진다. 간단히 수술

112
PART 2 발의 이상과 여러 가지 문제

적인 절제만으로 가능한 경우도 있지만, 병변이 크면 절제한 부위를 메우기 위해 피부를 이식한다. 조직 검사를 위해 조직 샘플이 필요하면 전기로 기저 부분을 태우는 도구로 병변을 긁어내거나 파내며, 꿰매지 않고도 상처 부위가 천천히 아물게 된다. 조직 검사용 샘플이 필요하지 않는 경우에는 저온(냉동) 수술 혹은 국소 화학 치료제 투여 등 다른 치료 방법을 쓴다.

편평 세포암종

'편평 세포암종(squamous cell carcinoma)'은 바닥 세포암종보다 영향력이 더 큰 피부암이다. 편평 세포암종의 병변은 그림 6.3에서 보듯이 양배추 꽃 모양으로 사마귀와 비슷하다. 붉은빛이 조금 돌고 솟아올라 있으며 껍질로 덮여 있다. 편평 세포암종 중에는 확산되

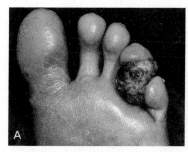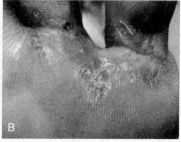

그림 6.3 (A) 편평 세포암종은 사마귀와 비슷하다. 사진의 병변은 크기가 빠르게 커지고 출혈이 있어서 사마귀보다 심각한 상태임을 짐작할 수 있다. (B) 이 편평 세포암종은 국소 항진균성 약제가 병변 치료에 도움이 되지 않자 조직 검사로 진단을 내린 경우다.

지 않는 '제자리(situ)' 세포암종 혹은 보웬병이 있다. 이 종류는 국소 치료만으로 종양을 절제할 수 있다. 다른 편평 세포암종은 심각하다. 병변이 몇 달 동안 자라면서 궤양과 출혈이 발생하기도 한다. 많은 악성 병변처럼 편평 세포암은 처음에는 움직이지만(살며시 만지면 앞뒤로 움직인다) 하부 조직에 침입하면서 점점 더 고정되고 움직이지 않는다. 종양이 확산되는 동안 피부 조직, 힘줄, 뼈로 침입한다. 또한 병변이 진단 없이 유지되거나 치료가 지연되면 림프절과 내부 장기로도 전이될 수 있다. 편평 세포암종은 확산된 조직의 양을 판단하기 위해 조직 검사를 실시하며, 위치에 따라서는 넓은 가장자리와 함께 제거할 수도 있다(여기서 '가장자리'란 종양세포가 없는 조직을 말한다). 병변을 제거한 이후에 아물 만한 조직이 충분하지 않으면 발가락이나 발의 일부를 절단해야 하는 경우도 있다.

악성 흑색종

확산 성향으로 판단한다면 '악성 흑색종(malignant melanoma)'은 모든 피부암 중에서 가장 심각하다. 이 암은 흔히 무리를 이루어 점이나 애교점으로 알려진 반점을 형성하는 색소 세포 혹은 멜라닌 형성 세포에서 시작한다. 출혈이 있거나 크기가 자라거나 형태나 색깔이 변하기 시작하면 의심해야 한다. 색깔은 검은색, 갈색, 붉은색, 흰색, 푸른색 등으로 다양하다.

발에 생기는 악성 흑색종은 피부가 흰 사람보다 검은 사람에게 발생할 가능성이 높다(흰 피부의 여성은 다리 아래쪽에, 흰 피부의 남성은 몸통에 발생하는 경향이 있다). 이 흑색종이 발에 생기면 주로 발바닥이나 발톱밑에서 발견된다. 발톱 아래에 생기는 의심스러운 병변은 발톱이나 발톱밑 피부에 생긴 양성 색소거나, 발톱 아래에 피가 모인 '발톱밑 혈종'일 수 있다. 발톱밑 혈종은 발톱과 신발의 마찰 같은 외상으로 발생할 수 있으며, 발톱과 함께 자라서 결국은 전체를 뒤덮는다. 그림 6.4에서 보는 것처럼 흑색종은 자라는 발톱과 함께 움직이지 않는다. 발톱밑 흑색종을 진단하기 위해 조직 검사가 필요한 경우도 있는데, 이 검사가 발톱의 모양을 영구적으로 망가뜨릴

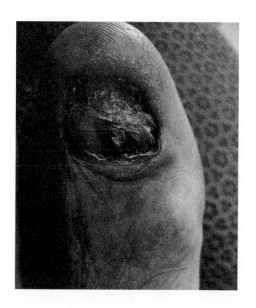

그림 6.4 **발톱을 깎아 내도 출혈 응고(발톱밑 혈종)의 증거가 없어 조직 검사로 악성 흑색종을 확인한 경우다.**

수 있다. 악성 흑색종이 확인되면 병변의 깊이에 따라 넓은 가장자리를 확보하고 제거하거나 절단하는 등 다양한 치료 방법을 시도할 수 있다.

CHAPTER 07

발톱
이상

    사람의 발톱은 흔적기관이다. 물건을 쥐거나 나무에 기어 올라 가기 위해 발톱을 사용하던 조상에게서 물려받은 것이다. 그래서 지금은 그다지 중요한 용도로 쓰이지 않는다. 발톱은 발가락 끝 과 윗부분을 보호하는 수단이지만, 건강한 발톱보다는 신발이 발 가락을 훨씬 잘 보호한다. 자주 발톱을 깎는 것 외에 발톱에 많은 관심을 기울이는 사람은 거의 없다. 하지만 이것은 어디까지나 발 톱의 색깔이 변하거나, 형태가 이상해지거나, 아프거나, 관리하기 어렵지 않을 때 이야기다. 나이가 들면서 많은 사람이 발톱 문제 로 고생을 하고, 발톱의 기본 관리에조차 어려움을 느끼게 된다. 두꺼워지거나 휜 발톱은 정리하기가 쉽지 않고, 시력 저하나 손 관절염 같은 다른 문제 때문에 발톱 깎기가 까다롭고 힘들어질 수 있다. 그러나 나이와는 상관없이, 적절한 발톱 관리는 발톱 건강에 필수다.

발톱 관리라면 적절한 손질, 잘 맞는 양말과 신발 착용 등을 말한다. 이렇게 간단한 방법으로도 발톱 건강을 유지할 수 있다. 하지만 그런 노력을 기울임에도 발톱에 이상이 생긴다면, 상처가 완치되지 않았거나 그런 문제에 대해 유전적인 소인을 갖고 있기 때문일지도 모른다.

이 장에서는 가장 흔하게 발생하는 발톱 문제, 치료 방법, 재발 방지 등에 관해 설명한다. 이에 앞서 여러분이 다양한 부분을 이해할 수 있도록 발톱의 간단한 구조에 관해 소개하고자 한다.

「 발톱의 구조 」

발톱(과 손톱)은 세 부분으로 나뉜다. 그림 7.1처럼 발톱은 발톱판, 발톱 뿌리, 자유연 혹은 발톱 끝으로 이루어져 있다. 육안에 보이는 대부분이 발톱판이다. 이 부분은 '발톱 바닥'이라고 부르는 아래의 피부에 부착되어 있다. 발톱판의 양쪽을 따라 발톱 경계가 있는데, 이는 발톱 고랑^{발톱홈} 속에 들어가 있다. 발톱 경계에 닿는 피부를 발톱 테두리라고 한다. 발톱의 뿌리 혹은 바탕질^{기질}은 유일하게 살아 있는 부분이다. 이 바탕질은 발톱 껍질 바로 앞에서 시작해서 피부 아래로 연결되어 발을 향해 수평으로 뻗어 있다. 뿌리의 맨 끝은 발톱이 시작하는 부분에 있는 흰 초승달 무

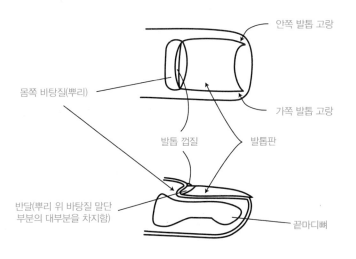

안쪽 발톱 고랑

몸쪽 바탕질(뿌리)

가쪽 발톱 고랑

발톱 껍질

발톱판

반달(뿌리 위 바탕질 말단
부분의 대부분을 차지함)

끝마디뼈

그림 7.1 **발톱의 구조**

느로 확인할 수 있다. 이 뿌리가 발톱판이 되는 새로운 세포를 만
들어 낸다. 자유연 혹은 발톱 끝은 발가락 끝에서 자라나는 부분
으로 깎아서 다듬을 수 있다.

뿌리, 본체, 끝을 아우르는 발톱 전체를 흔히 '발톱판'이라고 부
른다. 발톱 끝 아래의 피부를 '발톱아래 허물(hyponychium)'이라고 부
르며 발톱 껍질은 '발톱위 허물(eponychium)'이라고 한다. 이 껍질은
발톱과 피부를 연결하는 막으로 생물학적인 메움재 역할을 한다.
발톱의 성장을 허용하는 동시에 박테리아가 발톱 주변의 조직에
침입하는 것을 막는다.

「 피부를 뚫는 내향성 발톱 」

많은 사람이 안쪽으로 자라는 발톱 때문에 족부 전
문의를 찾는다. 발톱의 경계 부분이 아래쪽으로 지나치게 휘어 발
톱 고랑의 기저 부분을 압박하는 상태를 내향성 발톱이라고 한다.
이런 압박은 발톱 경계와 발톱 고랑 사이에 굳은살을 계속 만들
어 감염, 충혈, 부기, 통증의 원인이 된다. 내향성 발톱은 엄지발가

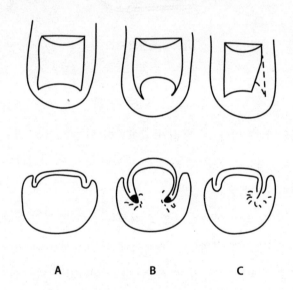

A   B   C

그림 7.2 **발가락 앞부분을 위에서 내려다볼 때의 발톱**
(A) 정상적인 발톱판. 몸판이 납작하고 경계가 최소한으로 휘어 있다.
(B) 왕관 발톱. 양쪽 경계가 발톱 고랑의 기저에 압박을 가하면서 통증이
있는 굳은살이 생긴다.
(C) 내향성 발톱. 발톱의 한쪽 경계가 발톱 고랑의 기저를 뚫고 들어가 있다.

락에 가장 많은 영향을 주지만 다른 발가락에서도 얼마든지 발생할 수 있다. 그림 7.2에는 세 종류의 발톱이 나와 있다. 정상 발톱, 발톱이 지나치게 휘어 고랑에 굳은살을 형성하는 '왕관 발톱', 발톱이 한쪽 고랑의 피부에 침투해서 감염을 일으킬 수 있는 내향성 발톱이다.

내향성 발톱은 몇 가지 원인으로 발생한다. 발톱의 모양에 영향을 주는 유전적인 인자, 찔리는 상처나 떨어지는 물건으로 인한 외상, 잘못된 손질법 등을 꼽을 수 있다. 발톱을 너무 짧게 혹은 가장자리 구석 부분을 둥글게 깎으면 피부가 발톱의 경계 위로 올라가서 발톱판의 앞쪽 성장을 방해한다. 가정에서는 발톱을 손질할 때 둥글게 깎지 말아야 한다. 하지만 족부 전문의는 압력을 줄이기 위해 발톱을 둥글게 깎고 환자가 더 긴 주기를 두고 병원을 방문할 수 있도록 해 준다. 주로 특별한 기구를 이용해서 부드러운 가장자리를 남겨두고 안전하게 깎기 때문이다.

발가락의 끝부분이나 측면에 대한 반복적인 압력 역시 내향성 발톱의 원인이 된다. 예를 들어, 인접한 발가락이나 신발에서 받는 압력은 망치발가락과 엄지 건막류(8장)를, 바닥에서 받는 압력은 갈퀴발가락을 만든다. 어린이와 청소년은 발톱이 비교적 부드러워서 가끔 발톱을 깎는 대신 뜯어내는 것으로 문제를 일으킨다. 발톱 하나를 손으로 뜯어내면 발톱의 마지막 부분이 불규칙적으로 찢어져 갈고리나 날카로운 침 모양이 되어 발톱이 앞으로 자랄수록 피부를 뚫고 들어가게 된다(그림 7.2 C).

내향성 발톱이 의심스러운 상황에서 자가 치료를 할 때는 최대한 신중해야 한다. 날카로운 도구는 절대 사용하지 않는 등 상황을 악화시킬 수 있는 것은 조심한다. 또 충혈, 냄새, 줄무늬 변색, 부기, 통증 증가 혹은 출혈 같은 감염 징후가 조금이라도 보이면 자가 치료는 포기하고 족부 전문의와 상담해야 한다. 면역계 약화, 당뇨, 혈액순환 장애 등으로 말미암아 감염 위험이 높은 경우에는 내향성 발톱을 직접 관리하겠다는 생각을 버리는 것이 바람직하다. 그럴 때는 족부 전문의의 진료와 관리를 받기 바란다.

따뜻한 물에 발을 담그거나 국소 항생제 연고를 바르는 방법 등 자가 치료를 할 때는 2~3일 안에 통증이 가라앉아야 한다. 발톱 경계 부분을 압박하는 신발과 양말은 피하는 것이 좋다. 내향성 발톱을 치료하는 또 다른 안전하고 효과적인 방법은 '발톱 가장자리 테이핑(nail lip taping)'이다. 특히 발가락 끝부분 가까운 위치에서 침투한 왕관 발톱이나 내향성 발톱에 효과적이다. 비누와 물로 해당 부위를 씻고 잘 말린 뒤에 응급처치용 테이프나 일회용 반창고를 발톱 경계와 가까운 가장자리에 붙인다. 그림 7.3처럼 발톱 가장자리가 발톱 경계에서 멀어지도록 테이프를 아래쪽과 양쪽 측면 밖으로 살며시 잡아당긴다. 테이프는 감염된 발톱 고랑에 대한 발톱 경계의 압박을 덜어 주기 때문에 하루 정도 지나면 통증이 호전된다. 국소 항생제 연고를 소량 발톱 고랑에 바르고 밴드를 붙여 해당 부위를 보호한다. 연고는 고랑 기저의 굳은살을 부드럽게 만들어 박테리아 감염 확률을 줄인다. 발톱 가장자리 테이핑은

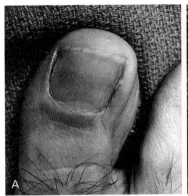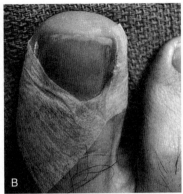

그림 7.3 (A) 발톱 고랑 속에서 형성되는 굳은살 때문에 내향성 발톱의 경계 부분에 통증이 생길 수 있다. (B) 며칠 동안 발톱 경계와 발톱 가장자리가 멀어지도록 테이프를 붙이면 상황이 호전된다.

보통 3~5일 사이에 통증이 가라앉을 때까지 계속할 수 있다. 가정에서 3~5일 동안 자가 치료를 해도 통증, 충혈, 부기, 고름이 완화되지 않을 때는 족부 전문의의 관리를 받기 바란다.

지금 돌이켜보면 눈살이 찌푸려지는 치료법도 있었다. 한 가지 예로, 압력을 줄이려고 발톱 가장자리 아래에 솜뭉치를 붙이는 방법이 있었다. 그렇게 하면 처음에는 약간 편안한 느낌이 들 수도 있지만 솜이 박테리아의 온상이 되어 감염 위험을 높일 수 있다. 발톱판 중앙을 V자로 깎는 방법 역시 과거에는 지지를 받았지만 효과적이지 않다. 발톱 경계의 압박을 줄이려면 V자를 발톱 껍질까지 연장해서 잘라야 할지도 모른다.

발톱이 표피 아래로 뚫고 들어가면 몸은 그것을 외부 물질로 인식하고 보호 체계를 가동한다. 그러면 백혈구세포를 해당 부위로 보내 감염을 일으키는 박테리아를 에워싸고 파괴시킨다. 백혈구세포가 미세한 이물질과 세포의 잔해를 먹어치우고 고름을 만들어내는 동안 다른 세포들은 감염 부위 주위에 모세혈관 망을 구축하기 시작한다. 이로 인한 조직의 돌출을 '육아종(granuloma)'이라고 하며 일반적으로 '췌육(증식성 육아 조직)'이라고 부른다. 육아종은 압박이 가해지면 쉽게 출혈이 일어나는데, 결국 발톱 경계의 모양이 뒤틀린다. 가끔 통증을 유발하기도 한다. 결국 피부가 육아종 위로 자라나 지나치게 큰 발톱 가장자리가 형성될 수 있다. 육아종이 나타나면 수술적인 방법을 동원하지 않고서는 발톱이 정상적으로 자랄 가능성이 거의 없다.

육아종은 전문가가 치료해야 한다. 족부 전문의는 내향성 발톱 부분(혹은 발가락 속에 다른 물질이 침입한 경우에는 이물질)을 주로 국소 마취로 제거한다. 발톱이나 발톱 경계를 제거한 다음에는 박테리아 배양을 위해 그 부분의 표본을 채취하기도 한다. 육아종은 수술로 제거하거나 절제한다. 가끔은 질산은 용액을 발라 조직을 축소시키기도 한다. 육아종이 어느 정도 진행된 경우에는 육아종과 과대 발톱 가장자리를 내향성 발톱과 동시에 절제하여 발톱 고랑을 다시 만들어 준다.

만약 족부 전문 병원에서 이런 방법대로 내향성 발톱을 치료한다면 수술 뒤에 걸어서 병원을 나설 수 있다. 사용하는 국소 마취제의 종류에 따라 발가락은 3~8시간 동안 감각이 없다. 내향성 발톱을 제거하고 난 뒤에는 발가락과 발톱을 하루 두 번씩 따뜻한 물에 담그고(생수든 소금물이든) 드레싱을 하고 항생 연고나 크림을 해당 부위에 바른다. 족부 전문의는 감염이 확산되거나 면역 체계가 약한 경우에 경구용 항생제를 처방한다. 내향성 발톱에 따른 감염으로 입원할 필요까지는 없지만 가끔 치료가 더딘 경우에는 감염이 뼈까지 확산될 수 있다. 통증, 충혈, 고름 같은 증상이 며칠 동안 나아지지 않는 경우를 제외하면, 평소 건강한 사람이 내향성 발톱을 치료하는 수술을 받은 후에 다시 병원을 방문할 필요는 없다. 감염이 확산되거나 재감염의 위험이 있다면 족부 전문의가 치료 부위를 확인하기 위해 1~2주 뒤에 재방문을 요구할 수 있다. 발톱이 계속해서 피부를 뚫고 자라면 그 발톱을 부분적으로 혹은 완전히 제거하는 경우도 있다. 발톱 경계가 감염되었을 때는 화학적으로 지지는 수술법을 이용하여 발톱 뿌리나 바탕질을 영구적으로 제거한다.

┌ 발톱 주변 감염 ┐

발톱 주변에서 발생하는 박테리아 감염을 '발톱주위염(paronychia)'이라고 한다. 주로 바탕질 전체나 양쪽 발톱 경계가 이 감염에 노출되는데, 흔히 내향성 발톱이 염증을 일으킬 때 발생하기 때문이다. 발톱주위염이 있는 사람은 통증과 충혈 증상을 호소한다. 가끔은 감염 부위에서 소량의 고름이 새어 나오기도 하며, 대체로 감염 초기에는 그런 현상이 보이지 않는다. 발톱이 흔들리고 변색되는 경우도 있지만 보통은 정상적으로 보인다. 감염은 발가락 외상이나 내향성 발톱 때문에 발생한다.

페디큐어가 인기를 얻으면서 젊고 건강한 여성의 발톱이 감염되는 사례가 늘어나고 있다. 발톱 껍질을 뒤로 밀어내는 것도 그 원인의 하나일 수 있다. 발톱 껍질이 비교적 단단한 발톱판과 부드러운 피부, 발톱의 기저를 에워싼 바탕질 사이의 보호막을 형성하기 때문이다. 그러면 습기와 박테리아가 피부 아래로 침투하지 못하는데, 이 보호막이 교란되면 감염된 유기물이 침입할 수 있다. 감염은 오염된 기구를 통해서도 전파될 수 있다. 전용 도구를 구입해서 페디큐어 관리를 받을 때 숍에 들고 가는 여성도 있지만, 그런 경우에도 감염 위험을 최소화하기 위해 도구를 적절하게 소독해야 한다.

발톱주위염은 따뜻한 습포를 대거나 온수에 발을 담그는 방법과 항생 연고로 치료한다. 내향성 발톱과 관계가 있다면 앞서 설명한 대로 치료해야 한다. 항생 연고는 대체로 감염을 없애 주지만 헐거워진 발톱 부위는 다시 붙지 않으며 색깔도 원래대로 돌아오지 않는다. 그러나 발톱이 새로 돋아나 고정이 되면 색깔이 정상으로 되돌아온다. 하지만 이것은 어디까지나 발톱 바닥과 바탕질이 손상되지 않았을 때의 이야기이다.

「 두 개로 쪼개지는 발톱 : 갈림 발톱 」

발톱판의 길이 방향으로 쪼개지는 발톱을 '갈림(bifid)' 발톱이라고 한다. 갈림 발톱은 새끼발가락에서 가장 많이 나타난다. 걸을 때 발톱의 바깥쪽 경계가 신발의 밑창이나 측면과 마찰하는 동안 생기는 반복적인 손상이 그 원인으로 알려져 있다. 이런 마찰이 발톱의 뿌리에 손상을 주고 두 갈래로 자라게 만드는 것이다. 흔하지는 않지만, 갈림 발톱은 선천적이거나 유전적인 소인으로 발생하기도 한다. 원인이야 어떻든, 발가락이 돌아가고 쪼개진 발톱에서 계속 마찰이 발생하면 발톱 아래나 주변에 티눈이 생길 수 있다(5장). 갈림 발톱에 대한 자가 치료로는 발톱이나 티눈을 깎고 패드를 이용해서 발톱이나 티눈이 마찰을 일으키지 않도록 보호하고 마찰에 따른 압박으로 발생하는 통증을 완화하는 방법이 있다. 족부 전문의는 갈림 발톱에 따라 통증이 심하면 비정상적인 발톱을 제거한다. 이때 압력을 줄이기 위해 아래의 뼈 일부를 같이 잘라내기도 한다.

「 발톱밑 출혈 : 테니스 토 (혹은 러너스 토) 」

발가락에 압력이 가해지거나 신발 속에서 발가락이 충돌을 거듭하면 외상이 잘 발생하며, 이런 외상이 발톱밑 혈종^{발톱밑 출혈}을 유발한다. 이 상태를 테니스 토(Tennis Toe) 혹은 러너스 토

(Runner's Toe)라고 한다. 발톱밑에 고인 피 때문에 발톱이 검은색, 푸른색, 갈색, 검붉은색으로 보인다. 발가락과 신발의 반복적인 충돌로 인한 미미한 외상이 천천히 축적되면서 발톱밑 혈종이 발생할 때는 대개 통증이 없다. 그러나 발가락 위에 무거운 물건이 떨어지는 것처럼 심각한 외상을 입는 경우에 급성으로 발생할 수 있다. 이런 부상은 극심한 통증을 유발한다. 국소 마취로 혹은 마취 없이 구멍을 내어 피가 흘러나오게 하면 통증을 줄일 수 있지만 이런 치료는 부상 직후 피가 고이기 전에 해야 효과가 있다. 치료 시기가 늦어져 발톱이 계속 자라는 상태가 몇 달 지속되면 발톱판이 발톱 바닥에서 분리될 수 있다. 가끔 발톱 전체가 떨어져나가고 새 발톱이 자라나기도 한다. 발톱밑 혈종(외상에 의해 발생한)이 발톱 바닥의 25퍼센트 이상 차지하면 발톱 바닥이 찢어지거나 잘렸는지 확인하기 위해 발톱을 제거해야 한다. 그런 경우에는 흡수가 되는 봉합사로 처치할 수 있다.

「 발톱밑의 뼈 : 돌기와 종양 」

발톱밑에서 위를 향해 뼈가 자라면 발톱 경계를 따라서 혹은 발톱 끝 밑에서 통증이 느껴질 수 있다. 가장 흔하게 영향을 받는 발가락은 엄지발가락이다. 비정상적인 뼈 성장은 두 가지 형태로 발생한다. 바로 '뼈 돌출증'에 의한 뼈 돌기와 뼈나 연골에 생기는 종양이다. 발톱밑뼈 돌출증은 발톱 아래에서 뼈 돌기가 생기는 증상이다. 발톱밑에 생기는 뼈와 연골의 종양은 '뼈연골종'이라고 부른다. 이 종양은 양성, 즉 악성이 아니다.

발톱밑뼈 돌출증이 있는 발에는 발톱 끝에서 가장 가까운 발톱 경계 아래에 붉은색이나 갈색 혹은 연한 노란색의 둥근 부위가 있는데, 여기에 통증이 있다. 신발을 신을 때, 심지어는 이불이 누르는 힘에도 발가락이 아프다. 손가락으로 발가락 윗부분을 눌러도 통증을 느낄 수 있다. 원인은 발톱밑에 생긴 티눈이다. 발톱밑뼈 돌출증을 내향성 발톱이나 발톱 변형으로 오진하는 경우도 있으므로 족부 전문의는 특수 분리 X선을 찍어 정확한 진단을 내려야 한다. 사마귀와 흑색종 같은 다른 문제도 생각해 볼 수 있는데, 이

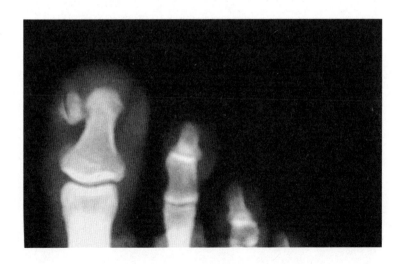

그림 7.4 X선에서 뼈나 연골의 양성 종양인 뼈연골종을 확인할 수 있다.

런 질환이 발톱밑뼈 돌출증의 징후와 증상이 유사하기 때문이다. 치료는 간단히 발톱을 짧게 깎고 조이는 신발을 피하는 방법부터 돌기를 수술로 깎거나 절제하는 방법에 이르기까지 다양하다. 이런 수술적인 절차는 보통 족부 전문 병원에서 국소 마취로 진행된다. 이는 영구적인 치료법이어서 재발이 드물고 수술 이후 회복이 빠르다. 발톱밑뼈 돌출증으로 수술적인 방법을 받는 경우, 대체로 며칠이 지나면 오픈토 샌들이나 수술용 신발을 신고 일터로 복귀할 수 있다.

뼈 돌기와 마찬가지로 뼈연골종도 발톱판 아래의 뼈에서 발생하는 것이 보통이다(그림 7.4). 뼈나 연골에서 생기는 이 양성 종양은 발톱 가장자리가 확대된 상태와 비슷해 보일 때가 많다. 뼈에서 돋아난 종양이 피부를 한쪽 발톱 고랑으로 들어올리기 때문이다. 그러나 대체로 확대된 발톱 가장자리가 조금 단단한 데 비해 뼈연골종에 의한 종양 부위는 매우 단단하다. 가끔 종양이 피부를 뚫고 나올 정도로 크게 자라기도 한다. 뼈연골종에 대한 진단을 확인하기 위해 X선을 이용한다. 종양을 제거하고 위쪽 피부의 손상을 줄이기 위해 절개라는 수술적인 치료가 필요하다. 그렇게 하지 않으면 뼈 감염으로 이어질 수 있다. 이 수술에서는 발톱밑뼈 돌출증보다 적극적으로 뼈를 절개해야 하지만 회복 시간은 비슷하다. 재발 확률 역시 낮다.

「 두껍거나 얇아지는 발톱 : 발톱 이상증 」

발톱 이상증은 발톱이 여러 가지 이유로 형태가 변하거나 두꺼워지거나 얇아지는 상태를 말한다. 노화, 발가락 외상, 특정 피부 질환 등을 그 원인으로 꼽는다. 혈액순환은 나이가 들수록 나빠지고 발톱이 더 천천히 자라게 되는데, 이 때문에 발톱판이 두꺼워지는 현상이 발생한다. 이런 발톱 비후 증상은 정상적인 현상이며 치료가 필요하지 않다. 다만 발톱이 비뚤게 자라서 이웃하는 발가락의 피부에 상처를 내거나, 발톱 고랑에 통증이나 굳은살을 발생시키는 경우 혹은 너무 두꺼워져서 발톱판 아래의 피부를 자극하거나 감염시키는 경우는 예외다. 발톱이 두꺼워져 깎기 어려울 정도가 되면 보통은 네일숍에 가 볼까 생각할 수도 있다. 하지만 면역계 약화, 당뇨병 혹은 혈액순환 장애가 있는 경우라면 네일숍은 피해야 한다.

발톱 변형을 잘 일으키는 피부 상태로 건선^{마른 비늘증}과 '편평 태선(lichen planus)'이 있다. 건선은 만성적인 비(非)감염 피부 질환으로 피부에 껍질이 벗겨지는 붉은 반점이 형성된다. 가끔 손톱과 발톱까지 영향을 주는데, 이런 경우 손발톱이 움푹 들어간 것처럼 보인다. 발톱에 건선이 퍼진 사람들은 대개 건선 관절염을 얻게 된다. 건선이 퍼진 발톱을 치료할 필요는 없다. 하지만 지나치게 두꺼워지거나 통증을 일으킨다면 전기 연마기로 얇게 만들거나 제거할 수 있다. 염증이나 박테리아 감염도 가끔 일어난다. 불규칙적인 발톱 경계가 발톱 고랑을 침범하거나 두꺼운 발톱이 발톱 껍질을 들어올리기 때문이다.

편평 태선은 피부와 입속에 이끼를 닮은(그래서 이름에 이끼를 뜻하는 '태' 자가 들어 있다) 발진이 생기는 비감염 피부 질환을 일컫는다. 이것이 발톱에 미치는 영향은 다양하다. 어떤 경우에는 발톱 바탕질이 손상되고, 발톱이 얇아지고 갈라지며, 세로 방향의 고랑이나 홈이 생기기도 한다. 발톱이 매우 두꺼워질 수도 있다. 치료는 필요한 경우에 발톱 건선과 같은 방법으로 이루어진다.

「 발톱 무좀 」

'발톱 진균증(onychomycosis)'으로 불리는 발톱 곰팡이 감염은 비교적 흔하며, 40~59세의 약 5분의 1(18퍼센트), 60~70세의 3분의 1(33퍼센트), 70세 이상의 절반(49퍼센트)에 영향을 준다. 충분한 시간과 습기, 조도, 온도, 반복적인 발톱판 손상 등 적절한 조건을 충족하면 피부와 발톱 주변에서 적은 수로 자연스럽게 발견되는 곰팡이가 발톱 감염과 변형을 일으킬 수 있다. 곰팡이 포자는 발톱 위, 발톱 끝부터 그 아래, 바탕질과 발톱 바닥 속에서 증식한다. 발톱에서 곰팡이 감염을 일으키는 유기물은 피부사상균으로 알려져 있으며, 운동선수 발^{족부백선}(6장) 증상을 일으키는 것과 같을 수도 있다. 그러나 피부가 문제의 곰팡이에 노출된 이후에 급속하게 발생하는 백선증과는 달리 발톱 곰팡이 감염은 곰팡이와 장기간 접촉한 이후에야 발생한다. 곰팡이에 의한 발톱 감염에 가장 취약한 사람은 노년층과 면역계가 약하거나 당뇨를 앓는 사람들이다. 어린이는 영향을 거의 받지 않는다.

발톱의 곰팡이 감염은 발톱 가운데가 들리는 경우에는 발톱 밑과 경계 부분에 통증을 유발할 수 있으며, 신발에 의한 발톱 압박, 발톱의 변형과 변색, 그리고 가끔은 2차 박테리아 감염으로 걷기가 어려워지기도 한다. 특히 오픈토 슈즈를 잘 신는 여성에게는 흉한 외관 역시 문젯거리가 된다. 곰팡이 감염을 방치하면 다른 발톱으로 퍼질 수 있다.

발톱 진균증에는 세 가지 흔한 유형이 있다. '표재성 백색 각질 진균증(superficial white scaling onychomycosis)'은 초기 형태로 발톱 표면에 흰 껍질로 나타난다. 이 감염은 몇 주에서 몇 달 동안 발톱에 바르고 있던 매니큐어를 지우면 먼저 확인할 수 있다. 매니큐어는 빛을 차단하고 체온, 땀, 샤워나 목욕으로 얻은 습기를 가두기 때문에 곰팡이한테 멋진 증식의 터전을 만들어 준다. 표재성 백색 껍질은 항진균성 크림이나 로션을 이용한 국소 치료에 반응을 보일 수 있지만 최소 6~12개월 동안 사용해야 한다. 치료 방법으로는 발톱의 껍질이나 부스러지는 조각을 긁어내거나 잘라내고, 하루 두 번 깨끗이 씻고, 발톱 매니큐어 사용을 중단하고, 처방 없이 사거나 혹은 처방받은 국소 항진균성 크림(족부백선에서 설명한 것과 같다)을 바르는 것 등이 있다. 항진균성 약제가 들어간, 매니큐어처럼 생긴 처방 광택제를 사용해도 도움이 된다. 흰 껍질이 자라나서 없어지기까지는 몇 주에서 몇 달이 걸릴 수 있다. 재발 방지를 위해 항진균성 파우더로 양말을 빨고 신발을 관리하는 것이 좋다. 땀이 증발하고 파우더가 제대로 작용하도록 신발을 바꿔가며 신도록 한다.

두 번째로 흔한 곰팡이에 의한 발톱 감염은 '말단 발톱밑 진균증(distal subungual onychomycosis)'이다. 이 감염은 발톱 끝과 경계(발톱의 끝부분)에서 시작해서 발톱이 두꺼워지거나 변색되지만 기저의 반원 무늬까지는 퍼지지 않으며 발톱밑으로 확산되는 것이 특징이다. 표재성 진균증보다는 국소 관리로 치료하기가 어렵지만 영향을 받은 발톱 부위를 공격적으로 제거하고 앞서 설명한 것과 똑같이 치료하면 도움이 된다. 그래도 효과가 없으면 발톱 전체를 제거해야 한다. 그러면 발톱 바닥을 치료할 수 있으므로 발톱이 다시 자라는 동안 항진균성 크림을 발톱 바닥과 발톱판에 바른다. 발톱을 제거하면서 곰팡이가 서식하는 아래의 발톱 바닥을 막는 장벽을 없애 주어 국소 약제가 더 효과적으로 작용할 수 있게 해 주는 셈이다. 치료는 발톱이 완전히 재생될 때까지 계속해야 한다.

세 번째로 흔한 곰팡이 감염인 '몸쪽 발톱밑 진균증(proximal subungual onychomycosis)'은 발톱 전체에 걸쳐 발생한다. 이 감염은 기저 혹은 뿌리(발톱의 몸쪽 부분)에서 시작해 측면과 말단으로 퍼져나간다. 발톱이 매우 두꺼워지며, 발톱판이 노란색, 흰색, 갈색 혹은 검은색으로 변할 수 있고 그 밑에 파편이 있다. 세 가지의 곰팡이 감염 중에서 몸쪽 발톱밑 진균증(PSO)이 가장 제거하기 어렵고 흔히 경구 투여가 필요하다. 그러나 족부 전문의는 경구 투여를 통한 치료를 처방하기 전에 특별한 염색 기법을 이용하거나 발톱을 현미경으로 관찰하거나 곰팡이를 배양하는(인큐베이터에서 배양하려면 7주까지 소요될 수 있다) 방법으로 진단을 확인한다. 몸쪽 발톱밑 진균증으로 확인되면 간과 신장의 기능을 측정하기 위해 추가 검사를 거쳐야 한다. 이 염증 치료에 사용하는 약이 간과 신장에서 분해되어 안전하게 복용할 수 있도록 하기 위해서다. 그리고 다른 질환이나 복용 중인 약에 따른 사용 금지 사유를 확인하기 위해 의료와 투약 기록을 검토해야 한다.

경구 투약을 이용한 치료는 3개월간 계속할 수 있다. 보통 치료 중간에 실험실 테스트가 되풀이된다. 가장 흔한 처방용 항진균 약제는 테르비나핀과 이트라코나졸이다. 우리 판단에는 둘 중에서 효과와 안전성을 모두 따져보았을 때 테르비나핀이 월등히 낫다. 두 약제 모두 새로 자라는 발톱세포로 침투해서 곰팡이에 감염되는 것을 막는 작용을 한다. 기존의 발톱이 다 자라나고 동시에 건강한 발톱이 새로 돋아날 때까지 겉모습은 개선되지 않는다. 개선되고 있다는 것을 가장 먼저 알려주는 징후가 나타나려면 서너 달까지 걸리는데, 발톱 뿌리에서 그것을 확인할 수 있다. 감염된 발톱이 건강한 새 발톱으로 완전히 바뀌는 과정은 9개월에서 12개월 정도 걸린다. 1~3개월의 추가 치료가 필요한 경우도 가끔 있다. 게다가 그 결과가 다양할 수도 있다는 사실을 아는 것이 중요하다. 경구용 테르비나핀을 이용하는 사람 가운데 40~90퍼센트는 균류학적인 치료를 기대할 수 있는데, 이는 곰팡이는 죽지만 발톱은 계속해서 두꺼워지고 정상적으로 보이지 않는다는 것을 의미한다. 또한 그 가운데 30~50퍼센트는 곰팡이도 죽고 발톱도 정상으로 보이는 임상 치료 효과를 얻는다.

감염된 발톱에서 곰팡이가 완전히 제거되면 샤워를 할 때 발톱을 잘 닦고 곰팡이 수를 줄일 수 있도록 매일 문질러 씻는 것이 좋다. 매일 신발을 갈아 신고 비처방 항진균성 크림과 파우더를 바르면 곰팡이 감염의 재발 확률을 줄일 수 있다.

CHAPTER **08**

건막류와
기타 발가락 문제

발가락은 나이가 들어가면서 변한다. 성인이 되어서도 작고 귀여운 아기 발톱을 기대하는 사람은 없을 것이다. 하지만 나이가 들면서 발에 몇 가지 문제가 잘 생기는데, 그런 발을 원하는 사람도 없을 것이다. 건막류와 망치발가락은 가장 흔한 발가락 문제로, 둘 다 통증이 심하고 모양이 흉하게 변한다. 두 가지 모두 유전되며, 대개 나이가 들면서 더 심해진다. 신발은 그 자체로 건막류나 망치발가락이 발생하는 원인이 아니지만 진행에 영향을 줄 수 있다. 이 장에서는 건막류와 망치발가락의 상태, 원인, 증상, 치료 방법뿐만 아니라 발허리통증과 앞발부 이상 증후군에 관해 이야기한다.

「 발에 생기는 혹 : 건막류 」

  '건막류'는 발에 난 혹으로, 엄지발가락이나 새끼발
가락의 기저에서 발생한다. 엄지발가락의 기저에 나는 건막류는
그림 8.1 (B)에서 보는 것처럼 사람들이 흔히 생각하는 '일반 건막
류(classic bunion)'이며, 두 종류 중 더 흔하다. 그림 8.1의 (C)와 같이
새끼발가락의 기저에서 발생하는 건막류는 '재봉사 건막류(tailor's

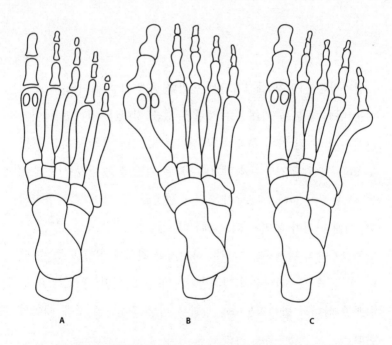

그림 8.1 (A) 정상적인 발 **(B)** 엄지발가락 관절에서 발생하는 일반 건막류 **(C)** 새끼
     발가락의 기저에서 발생하는 작은 건막류

bunion)'라고 한다. 재봉사 건막류는 옛날 재봉사들이 바닥에 책상 다리를 하고 앉아서 일하다가 발의 바깥 가장자리가 계속 압박을 받으면서 자주 문제가 생겼기 때문에 붙은 이름이다. '작은 건막류^{소건막류}'라고도 부른다. 건막류는 발의 뼈대가 오랜 세월에 걸쳐 변하는 구조적인 변형을 의미한다.

「 일반 건막류 」

일반 건막류는, 엄지발가락이 발과 만나는 관절, 즉 첫째 발허리발가락 관절의 연조직과 뼈의 정렬 상태가 변해서 발생한다. 앞발부의 발허리뼈들이 나란히 정렬한 상태에서 엄지발가락으로 이어지는 뼈, 곧 첫째 발허리뼈가 앞발부 안쪽으로 돌출된다. 건막류가 발생하면 첫째 발허리뼈는 물리적으로 인접한 뼈들에서 멀어지고 그 자리에 불필요한 뼈가 생겨난다. 엄지발가락은 천천히 바깥쪽으로 밀려나서 몸의 중심선에서 멀어지며 결국 인접한 발가락의 자리를 침범한다. 엄지발가락 관절 내부의 연조직과 그 위의 피부도 늘어나서 엄지발가락과 둘째 발가락 사이의 연조직이 서로 맞붙게 된다.

일반 건막류의 변종은 '등쪽 건막류(dorsal bunion)'로, 발등에서 뼈가 돌출하는 상태를 가리킨다. 이때 첫째 발허리뼈는 안쪽이 아니라 위쪽을 향한다. 등쪽 건막류는 걸을 때, 특히 보행 주기의 발가락 떼기 단계에서 엄지발가락의 이동 범위를 제한한다(1장). 발가락을 뗄 때, 엄지발가락이 엄지발가락 관절 부위에서 첫째 발허리뼈에 걸리게 된다. 정상적인 자세는 엄지발가락이 펴지면서 첫째 발허리뼈 위로 올라가는 것이다. 이처럼 발가락의 운동 범위가 제약을 받는 상태를 '엄지발가락 굳음증(hallux limitus, hallux rigidus)'이라고 한다. 등쪽 건막류의 원인과 증상, 치료 방법은 대체로 일반 건막류와 동일하다.

수많은 원인 인자가 건막류 발생에 영향을 주지만 주요한 원인은 유전적인 발의 형태다. 특정한 발의 구조는 엄지발가락의 불안정성에 영향을 주어 오랜 시간에 걸쳐 점진적으로 건막류를 일으킨다. 건막류는 편평발이거나 '과운동성 발(hypermobile foot)'과 같이 관절의 유연성이 지나친 사람에게서 가장 흔히 찾아볼 수 있다. 건막류의 진행에 영향을 주는 다른 요인으로는 꼭 끼거나 잘 맞지 않는 신발, 발과 발목 근육을 통제하는 신경의 이상, 발 외상, 염증성 관절염, 그리고 힘줄, 관절낭, 관절 주변의 인대 등 연결 조직에 영향을 주는 이상이 있다. 꼭 끼거나 앞이 뾰족한 신발만이 건막류를 일으키는 것은 아니다. 이런 신발은 엄지발가락을 비정상적인 위치에 놓이게 하여, 건막류나 혹 위의 피부와 부드러운 조직을 자극하여 통증을 유발한다. 신발이 건막류를 일으키는 것은 아니다. 드물기는 하지만 신발을 전혀 신지 않는 사람에게도, 꼭 끼는 웨스턴 스타일의 신발을 신지 않는 곳에서 사는 사람에게도 건막류가 발생하기 때문이다.

건막류가 항상 아프지는 않다. 건막류를 앓으면서 증상을 전혀 느끼지 못하는 사람도 있다. 이들은 비정상적으로 발달하는 뼈를 오로지 미용상의 이유로 걱정할 수도 있다. 돌출된 뼈 아래에 형성되는 두꺼운 피부(굳은살)를 미용 면에서 중요한 문제로 생각하는 사람도 있다. 그러나 많은 사람에게 건막류는 즐기면서 할 수 있는 활동을 제한하는 심각한 증상을 유발한다. 그런 증상에는 엄지발가락의 통증, 부기, 발적, 쓰라림, 얼얼함, 유연성 감소와 엄지발가락 관절의 통증 등이 있다. 발가락끼리 엉겨 붙어 마찰을 일으킬 수도 있다. 엄지발가락이 옆으로 이동하면서 압력을 가하기 때문에 발가락 사이에 티눈이 생기기도 한다.

건막류 통증은 두 가지 원인 가운데 하나로 발생한다. '돌출부 통증(bump pain)'이나 관절 속 통증이다. 돌출부 통증은 확대되어 튀어나온 뼈를 신발이 압박하면서 생긴다. 뼈가 추가로 형성되면서 신체는 압력에서 뼈를 보호하고 완충하기 위해 '윤활낭(bursa)'이라는 액체로 가득한 주머니를 만든다. 건막류에 압박이 계속되면 윤활낭은 심각한 염증과 함께 부풀어올라 통증이 있는 '윤활낭염(bursitis)'을 일으킨다. 확대된 뼈에 인접한 신경이 뼈와 신발 사이에 끼어도 심각한 돌출부 통증을 유발할 수 있다. 드물기는 하지만, 엄지발가락 안쪽 상부에서 마비가 오는 경우도 있다. 관절 내 통증은 엄지발가락의 비정상적인 위치로 인한 관절 내부의 압력 변화로 발생한다. 관절 바깥쪽 연골이 너무 심한 스트레스를 받아 관절 감염과 연골 마모로 이어지고 결국은 관절 내의 관절염 변화 과정을 유발한다. 돌출부 통증과 관절 통증은 구별하기 어렵다. 그러나 돌출부 가장자리 주위나 발 내부 더 깊은 곳에서 통증을 호소하면 관절 통증인 경향이 있다. 환자들은 관절 통증을 흔히 욱신거리고 쑤신다고 표현하는데, 발가락을 굽힐 때마다, 심지어는 앉을 때도 통증이 발생한다고 호소한다. 관절에 금이 간 것 같다는 표현도 자주 한다.

건막류가 통증을 일으키지 않고 활동을 제한하지 않으면 치료해야겠다는 생각을 하지 않을 수도 있다. 그러나 건막류는 보통 시간이 지날수록 계속 악화되고 통증과 관절염의 위험이 증가한다. 따라서 아무런 증상이 없어도 치료를 받는 사람들도 있다. 비정상적으로 자리 잡은 엄지발가락은 시간을 끄는 동안 관절 내 압력 분포를 변화시킨다. 관절의 한쪽 면에 집중된 압박은 관절 내 힘줄을 가늘고 약하게 만들며, 마모되거나 약해진 힘줄은 통증을 유발한다(11장). 건막류 때문에 꾸준하고 지속적인 통증과 변형을 경험하는 환자는 외과적인 훈련을 받은 족부 전문의와 상담할 것을 권한다.

건막류의 구조적인 문제를 치료할 유일한 방법은 수술을 병행하는 것이다. 그러나 수술을 하지 않아도 증상을 개선하고 가끔은 충분히 완화하는 방법도 몇 가지 있다. 폭이 넓거나 망사 같은 부드러운 앞창이 있는 신발로 바꾸고, 아픈 관절의 운동을 제한하기 위해 밑창이 딱딱한 신발을 신고, 선심에 공간을 더 주기 위해 신발을 늘리고, 직접적인 압력을 줄이기 위해 발에 패드를 대고, 발가락 사이 마찰을 막기 위해 발가락 교정기를 사용하고, 잘못된 발의 운동을 억제하기 위해 맞춤식 안창을 깔면 도움이 된다. 관절에 직접 투여하는 비스테로이드성 소염제와 코르티손 주사는 염증을 줄여 통증을 완화하는 데 사용할 수 있다. 비수술적인 방법으로도 증상을 적절하게 개선하지 못한다면 수술적인 교정 방법을 고려해 보아야 한다.

수술의 목적은 통증을 없애고, 뼈 돌출부를 제거하고, 발과 관절을 재정렬하는 것이다. 수술을 통해 조직의 성장을 자극하고 관절 표면에 정상적인 힘줄을 재배치하여 관절 내 염증 증상을 개선할 수도 있다. 수술적인 건막류 치료에 따라 하기만 하면 되는 '요리 책' 같은 방법은 없다. 족부 전문의는 건막류의 심각성, 엄지발가락 관절의 상태, 연령, 수술 후 재활 기간을 견딜 수 있는 능력(예를 들어, 하중을 덜기 위해 6~8주 동안 목발을 사용해야 하는 수술도 있다), 환자의 기대 등 많은 요소를 따져볼 것이다. 그러나 건막류 수술에는 두 가지 일반적인 범주가 있다. 관절 보존 수술은 관절을 유지하면서 건막류의 원인이 되는 뼈를 잘라서 재배치하는 방법이다. 관절 파괴 수술은 관절이 심각한 퇴행성 변화를 겪고 있는 건막류에 적용한다. 관절을 보존하며 통증 완화 효과를 얻거나 중대한 관절 손상을 해결할 수 없기 때문에 염증이 있는 관절을 모두 제거하게 된다. 관절을 구성하는 뼈 사이에 연조직을 삽입하거나, 금속이나 실리콘 소재를 관절에 이식하거나, 관절을 영구히 강화하기 위해 두 개의 뼈를 융합하는 방법으로 수술을 하게 된다.

그림 8.2에서 보듯이 건막류 수술은 일반적으로 매우 성공적이

다. 얼마나 빨리 정상적인 신발을 신고 다시 걷느냐는 건막류의 중증도와 수술의 복잡성에 달려 있다. 증상이 가볍거나 보통인 경우, 환자는 곧바로 수술용 신발을 신고 걸을 수 있으며 6주 안에 정상적인 신발을 신을 수 있다. 더 심각한 경우에는 6~8주 동안 체중 부하가 전혀 없는 상태에서 걸어야 하고 10~12주 정도가 지나면 일반 신발을 신을 수 있다. 수술 절차가 어떻든 환자는 수술을 결정하기 전에 내재된 위험과 잠재적인 문제에 관해 족부 전문의와 신중하게 상의해야 한다. 건막류는 수술 후에 재발할 가능성이 있다. 이런 위험을 최소화하려면 적절한 신발을 신어야 한다.

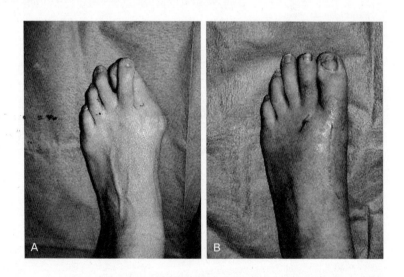

그림 8.2 **일반 건막류 교정 수술의 전과 후. 이 경우에는 망치발가락(둘째 발가락) 도 함께 재정렬되었다.**

144

맞춤 교정 신발 역시 잘못된 발 역학을 바로잡아 주므로 도움이
될 수 있다.

일반 건막류와는 대조적으로, 소건막류는 발의 바깥
가장자리에 위치한 새끼발가락의 기저에서 뼈가 비대하면서 통증
을 유발한다. 일반적으로 남성보다 발에 끼는 신발을 신는 여성에
게서 더 많이 찾아볼 수 있다. 소건막류는 시간을 두고 서서히 발
생하는데, 주로 내재된 비정상적인 발의 구조에 기인한다. 문제
를 일으키는 구조 때문에 새끼발가락 뒤쪽에 있는 긴 뼈, 곧 다섯
째 발허리뼈가 휘거나 벌어지므로 발의 역학이 변화된다. 결국 긴
뼈가 앞발부의 바깥 가장자리에서 튀어나온다. 변화된 발의 역학
뿐만 아니라 심하게 끼는 신발이 가하는 외적인 압력 때문에도 이
위치에 비정상적인 뼈가 형성된다. 인체는 건막류 위의 연조직과
피부를 두껍게 만드는 방법으로 반복되는 압력에 대응하지만, 이
것은 압력을 가중하고 결국은 통증을 악화하는 바람직하지 않은
반응이다. 소건막류를 일으키는 다른 원인으로는 발에 가해진 충
격, 염증성 관절염, 발의 뼈들을 벌어지게 하는 유연한 인대 등이
있다.

소건막류는 시간이 지날수록 붓고 붉어지며 통증을 일으킬 수
있는데, 증상이 없는 경우도 더러 있다. 환자들은 흔히 특정한 신

발을 신으면 증상이 심해진다고 호소한다. 일반 건막류와 마찬가지로 소건막류에서 비수술 치료의 목적은 변형 상태를 교정하기보다는 증상을 줄이는 것이다.

보존 치료로는 선심이 더 넓거나 갑피나 앞날개가 더 부드러운 신발을 신는 방법, 압력을 줄이기 위해 건막류나 신발에 패드를 대는 방법, 잘못된 발의 구조를 다시금 조정하고 균형을 맞추기 위해 맞춤 교정기를 착용하는 방법 등이 있다(3장). 염증과 통증은 얼음찜질, 비스테로이드성 소염제, 코르티손 주사로 치료할 수 있다.

이런 비수술적인 방법으로 효과가 없다면 수술을 통한 교정이 합리적인 대안이다. 소건막류를 수술하는 목적은 뼈 돌출 부분을 제거하고 뼈 구조를 재정렬하는 것이다. 이 수술을 받으면 4~6주 내에 정상적인 신발을 신을 수 있다. 소건막류는 수술 후에 재발할 수 있으며, 일반 건막류와 마찬가지로 재발률은 적절한 신발을 신고 되도록 교정기를 착용할 때 최소화된다.

「 휜 발가락 : 망치발가락, 갈퀴발가락, 말레발가락 」

망치발가락은 엄지발가락 외에 비정상적으로 굽은 모든 발가락을 가리킨다. 일반적으로 처음에는 유연하지만 치료를 받지 못하면 단단한 기형으로 변질된다. 유연한 망치발가락은 손으로 완전히 펼 수 있다. 반 정도 단단한 망치발가락은 부분적으로만 펼 수 있고, 완전히 경직된 망치발가락은 전혀 펴지지 않는다. 발가락 등쪽에는 발가락을 들어올리기 위한 폄 힘줄이, 발가락 아래쪽에는 발가락을 아래로 내리기 위한 굽힘 힘줄이 있다. 폄 힘줄과 굽힘 힘줄의 정상적인 균형이 깨지면 영향을 받는 발가락들이 더는 펴지지 않는다. 그리고 위나 아래로 혹은 좌우로 모양이 변하게 된다. 망치발가락은 하나 또는 여러 개의 발가락에 발생할 수 있다.

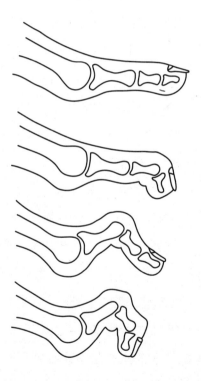

그림 8.3 **정상 발가락, 말레발가락, 망치발가락, 갈퀴발가락 (위부터)**

망치발가락은 세 종류의 발가락 위축 증상 중에서 가장 흔하다. 다른 두 가지는 갈퀴발가락과 말레발가락이다. 그림 8.3에서 이 세 가지 유형을 모두 확인할 수 있다. 먼저 망치발가락은 발볼의 관절(발허리발가락 관절)과 발가락 끝 관절(먼쪽 발가락뼈사이 관절)이 모두 위쪽으로 휘면서[편] 발생한다. 이때 중간 관절(몸쪽 발가락뼈사이 관절)은 아래로 휘어진다[굽힘]. 그 결과 발가락이 중간 지점에서 위쪽을 향한다. 갈퀴발가락은 발볼 관절이 위쪽으로 휘고 두 개의 발가락 관절이 모두 아래로 향한 상태다. 따라서 갈퀴발가락은 U자나 J자를 거꾸로 뒤집은 형상을 띤다. 말레발가락은 맨 끝의 발가락 관절이 아래로 휘고 다른 두 개의 관절은 정상이다. 망치발가락, 갈퀴발가락, 말레발가락은 모두 원인과 치료법이 같다. 그러므로 지금부터는 망치발가락만 이야기하기로 하겠다.

망치발가락을 유발하는 가장 흔한 원인은 편평발이나 아치가 높은 발처럼 유전적으로 구조가 잘못된 발이다. 시간이 지날수록 이런 상태의 발로 걸으려면 여러 힘줄에 일찍 무리를 주고 발을 중립 자세로 유지하는 시간과 노력이 정상 상태보다 더 많이 든다. 이런 힘줄 중에는 발가락을 들어올리고 아래로 끌어내리는 폄근 힘줄과 굽힘근 힘줄이 있다. 만약 이 힘줄 가운데 하나라도 발가락의 다른 근육을 압도한다면 발가락의 변형을 부를 수 있다. 망치발가락 발생에서 또 다른 중요한 요소는 발에 맞지 않는 신발이다. 높이가 없거나 폭이 좁은 신발은 발가락을 압박한다. 또한 굽이 높은 신발과 너무 작은 신발은 발가락을 선심 부분에 지나치게 밀착시켜, 발가락을 구부러지게 한다. 망치발가락을 유발하는 다른 요소에는 신경근육병, 외상으로 인한 손상, 염증성 관절염, 당뇨병, 뇌졸중 등이 있다. 망치발가락의 발생 빈도는 연령과 함께 증가하는데, 이는 문제의 진행성 성향과 일치한다.

망치발가락을 가진 사람 중에는 증상을 느끼지 못하고 단지 발가락의 비정상적인 모양 때문에 걱정하는 경우도 있다. 어떤 사람은 발가락이 서로 끼거나 망치발가락을 움직이기 힘들다고 말한다. 그러나 대부분은 통증, 부기, 발적, 특정한 신발을 신기 어려운 상태를 경험한다. 증상은 다양한 이유로 발생한다. 망치발가락의 비정상적인 관절은 정상적인 발가락의 경우보다 튀어나와 있어서 신발에 의해 압박과 자극을 받는다. 돌출한 관절 위로 굳은살이나 티눈이 생겨 얼얼한 통증까지 유발한다(굳은살과 티눈에 관한 자세한 설명은 6장 참고). 망치발가락으로 인한 압박이 계속되면 피부와 뼈 사이의 연조직에 염증이 생겨 결국은 예리하게 찌르는 듯하거나 얼얼하거나 욱신거리는 통증 같은 더 심각한 증상으로 이어진다. 신체가 영향을 받은 발가락을 보호하고 완충하려고 시도하는 동안 굳은살 아래에 윤활낭이 형성되고, 윤활낭에 가해지는 압력이 윤활낭염으로 이어진다. 게다가 굳은살 아래에 개방창이나 궤양이 생길 수도 있다. 궤양은 대개 국소적인 발적과 부기를 동반한다. 망치발가락을 앓는 환자는 발볼에 부차적인 통증을 경험할 수도 있다(152쪽의 발허리뼈 통증 참고).

망치발가락의 치료는 비정상적인 발가락에 공간을 부여하여 증상을 완화하는 것에 중점을 둔다. 물론 수술로 발가락을 재정렬하는 경우도 있다. 유연한 망치발가락을 교정된 자세로 유지하여 신발이 주는 압력을 줄이기 위해 끈과 부목을 사용하기도 한다. 경직된 망치발가락은 패드, 몰스킨(표면이 부드럽고 질긴 면직물) 혹은 실리콘이나 발포 고무로 제작한 보호대 등으로 효과를 볼 수 있다. 그러나 이런 방법은 위축된 발가락을 고정하지 않고 발가락을 완충하거나 더 나은 자세로 유지하게 해 준다. 티눈과 굳은살은 피부 비후를 줄이고 통증을 덜기 위해 다듬어야 한다. 그러나 티눈이나 굳은살을 집에서 다듬을 때는 많은 주의가 필요하다. 피부 깊은 곳을 건드려 발가락이 박테리아 감염에 노출되도록 만들 수 있기 때문이다. 망치발가락에 굳은살이나 티눈이 생겼다면 족부 전문의와 상담해 비후된 피부를 적절하게 치료하기 바란다. 약품 처리된 패드나 패치를 티눈과 굳은살에 써도 좋지만 역시 주의해서 사용해야 한다(당뇨병이나 혈액순환 장애가 있으면 사용을 금지한다). 수포나 개방창을 유발할 수 있기 때문이다.

　망치발가락 발생 초기에 교정기를 사용하면 증상의 진행을 늦출 수 있다. 맞춤식 교정기는 발의 잘못된 자세와 구조를 제어하여 발가락 내의 근육 불균형을 막는다. 코르티손 투여도 발가락 관절이나 연조직의 염증 증상 개선에 좋을 수 있다. 과거에는 스트레칭과 근력 운동이 망치발가락 치료 방법으로 지지를 받았지만 성인에게 효과적인지는 증명되지 않았다. 이 운동은 유아와 아동에게 어느 정도 써 볼 수 있다. 망치발가락이 한 개 이상이라면 굽이 낮고 선심이 깊고 넓으며 갑피가 부드러운 재료로 만들어진 신발을 골라야 한다.

망치발가락에 보존 치료가 효과가 없을 때 수술 치료를 고려한다. 수술의 목적은 여러 뼈와 연조직과 발가락의 균형을 다시 맞추어 발가락을 재정렬하는 것이다. 수술법은 발가락의 유연성, 발의 다른 부분에 공존하는 변형, 불균형이 발생한 위치에 따라 달라진다. 유연한 망치발가락은 팽팽한 관절 인대와 수축한 힘줄을 풀어 주는 것 같은 연조직 수술로 가장 잘 교정할 수 있다. 이런 유형의 수술로도 발가락 정렬을 성공하지 못하면, 위축된 관절의 작은 뼈 조각을 자르고 제거하여 망치발가락 맨 윗부분의 긴장을 더는 방법을 시도할 수 있다. 더 심각하고 경직된 망치발가락에 대해서는 흔히 발가락 속의 뼈 두 개를 붙여 영구적으로 고정하는 방법을 추천한다. 이처럼 뼈를 붙이는 수술을 '관절유합술(arthrodesis)'이라고 한다. 일반적으로 붙인 뼈를 핀으로 고정하여 교정된 자세를 만드는데, 4~6주 뒤에는 핀을 제거한다.

망치발가락이 위아래뿐만 아니라 좌우로도 휘어지면 연조직과 뼈 수술을 추가해야 하는 경우도 있다. 이런 뼈 수술은 발가락 뒤의 발허리뼈를 잘라서 긴장을 덜고 발볼 관절이 교정된 자세로 움직이게 해 준다. 그러고 나서 발가락과 관절을 수술용 핀이나 테이프로 4~6주 동안, 가끔은 더 오랜 기간 고정하여 교정된 자세를 유지한다. 이 기간에는 밑창이 딱딱한 신발을 신는 게 좋다. 발가락이 망치발가락 자세로 되돌아갈 수도 있기 때문에 족부 전문의는 재발을 방지하기 위해 발가락을 과잉교정 상태로 고정하는 경우가 많다.

「 발볼 통증 : 발허리뼈 통증 」

망치발가락을 가진 사람 중에는 발가락 뒤쪽의 발볼에서도 2차 통증을 느끼는 경우가 있다. 이를 발허리뼈 통증이라고 한다. 대개 이런 상태는 발가락 뒤의 발허리뼈 머리에 지나친 압력과 스트레스가 가해져 발생한다. 이상적으로는 다섯 개의 발허리뼈 머리가 고르게 체중을 견디는 것이 좋지만 하나 혹은 그 이상에 과다한 체중이 몰리는 경우 문제가 발생한다. 체중 분산의 형태에 따라 하나 이상의 발허리뼈 머리 아래에 넓게 확산된 굳은살이 형성될 수 있다(6장). 엄밀하게 말하면, 발허리뼈 통증은 발가락 이상으로 발생하지는 않는다. 하지만 여기서 소개한 망치발가락과 건막류 때문에 발허리뼈 머리에 과다한 체중이 실릴 수 있다. 그러나 발허리뼈 통증은 원인이 다양하므로 망치발가락이나 건막류가 없어도 발생한다.

발허리뼈 통증은 격렬한 스포츠나 고강도 훈련에 참여하는 사람들에게 흔히 나타난다. 예를 들어, 달리기는 앞발부에 강한 압력을 반복적으로 부여한다. 또 다른 원인은 아치가 높은 발로, 이는 앞발부에 지나친 부담을 주고 발허리뼈에 대한 압력을 높인다. 나이가 들어가면서 발허리뼈 아래의 지방층이 위축된다. 결국 몸의 천연 완충장치가 줄어들고 통증이 생긴다. 발에 꼭 맞는 신발과 굽이 높은 신발 역시 발바닥에 과다한 하중을 가해 지방층을 앞으로 쏠리게 한다. 그러면 이 지방층은 하중을 견뎌야 하는 발허리뼈 머리의 표면 바로 아래에 있지 못하게 된다. 발 모양을 변하게 만든 골절이나 수술 경험 역시 발볼에 큰 부담을 줄 수 있다.

발허리뼈 통증은 발볼이 쑤시거나 찌르거나 얼얼하게 아픈 증상으로 나타난다. 서거나 걷거나 체중을 견뎌야 하는 활동을 하면 통증이 심해지고 휴식을 취하면 불편이 조금 덜해진다. 시간을 두고 증상이 조금씩 나타나다가 계속 악화된다. 발허리뼈 아래 발볼의 피부와 연조직이 두꺼워지면서 염증이 생길 수도 있다. 게다가 신체가 반복적인 압력을 받는 부위를 완충하려고 반응하면서 윤활낭이 생기기도 한다. 윤활낭이 생기면 앞발부 아래에 고무공 같은 것이 있는 느낌이 들고 급기야는 염증(윤활낭염)이 발생해 아플 수 있다.

발허리뼈 통증은 비수술적인 방법으로 치료할 수 있다. 보통 족부 전문의는 활동 수준을 줄여 휴식을 취하면서 앞발부의 압력을 줄이라고 조언한다. 앞발부의 충격을 흡수하거나 통증 부위의 압박을 덜기 위해 패드를 대거나, 신발을 바꾸거나, 맞춤 교정기를 이용해서 비정상적인 발 역학을 바로잡고 앞발부에 가해지는 과다한 힘을 분산하는 방법으로 압박을 줄일 수 있다. 비스테로이드성 소염제도 통증과 염증을 줄이는 데 도움이 되고, 심각한 경우에는 코르티손 주사가 유용하다. 보존 치료로 증상이 호전되지 않을 때는 수술이 대안이 된다. 수술은 구조적인 기형의 원인을 제거하고, 앞발부의 압력을 고르게 분산하는 것을 목표로 한다. 건막류나 망치발가락이 원인이라면 수술로 재정렬하고, 관련된 발허리뼈는 잘라서 문제에 따라 올리거나 길이를 줄이거나 늘이는 방법이 동원된다. 이 수술은 사람이 걷기에 적당한 편평한 지지대를 만드는 것에 중점을 둔다. 발허리뼈를 수술로 교정한 뒤에는 4~6주 동안 수술용 신발을 신고 보행을 하면서 '보호된 체중 부하' 기간을 거쳐야 한다.

「 불안정한 관절 : 탈구전 증후군 」

발볼에 있는 발허리발가락 관절이 불안정한 상태를 '탈구전 증후군(predislocation syndrome)'이라고 한다. 이것은 '발허리발가락 관절낭염(metatarsophalangeal joint capsulitis)'으로도 알려져 있다. 이 증상은 치료하지 않고 방치하면 관절 전체의 탈구로 진행된다. 탈구전 증후군은 그림 8.4 (A)에서 보는 것처럼 둘째, 셋째, 넷째 발가락 뒤의 관절에서 가장 흔히 발생한다. 초기 증상으로는 발과 만나는 발가락 기저 부분과 발가락 자체의 통증과 부기가 있다. 앞발부가 가득 차 있는 느낌도 있을 수 있다. 증후군이 진행되면 영향을 받은 발가락이 위로 들려서 서 있을 때도 바닥에 닿지 않으며, 가끔은 옆으로 휘기도 한다. 망치발가락이 생길 수 있고, 들리는 경우에는 옆 발가락 위에 겹치기도 하는데, 이를 '굽힘근판 전위(flexor plate displacement)'라고 한다. 신발과 마찰하는 발가락 윗부분, 인접한 발가락, 그리고 발가락에 비정상적인 힘이 가해지면서 증상이 있는 발의 발허리뼈 머리 아래에 통증이 발생할 수 있다. 발가락은 신발의 윗부분과 마찰하면서 자극을 받게 된다. 이 증후군은 관절의 바닥에 깔린 발바닥판의 인대가 점차 가늘어지거나 늘어지거나 찢어지면서 발생한다. 이 인대가 정상적으로 기능하면 발가락이 관절 밖으로 빠져나오지 못한다.

탈구전 증후군이나 굽힘근판 전위는 보통 상체를 웅크리거나 쪼그리고 앉거나 뛰는 등의 활동이 관절에 구조적인 과부하를 가하거나 압력을 거듭해서 발생한다. 유전적 요소 역시 이 증후군에 더 취약하게 만든다. 둘째 발허리뼈가 지나치게 긴 사람에게 탈구전 증후군이 생기기 쉽다. 다른 요인으로는 발에 끼거나 굽이 높은 신발, 앞발부 외상, 염증성 관절염 등이 있다.

초기에는 그림 8.4 (B)와 마찬가지로 관절을 고정하기 위해 증상이 있는 발가락에 테이프를 붙이거나 부목을 대는 방법으로 치료한다. 관절을 고정하는 이유는 발바닥판 인대가 계속 늘어나는 것을 막아서 자연 치료로 유도하기 위해서다. 발가락은 적어도 4~6주 동안 고정해야 하며 환자가 참을 수 있으면 기간을 더 늘리기도 한다. 테이프와 부목은 발가락이 신발 갑피 부분에 마찰하는 것도 막아 준다. 비스테로이드성 소염제는 통증과 염증을 줄이는 데 효과적이다. 관절 통증이 더 심해지면 코르티손 투여를 실시하기도 한다. 심각한 통증이 느껴지면 발을 완전히 고정하는 것

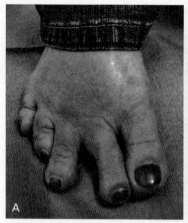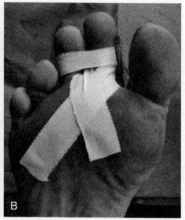

그림 8.4 (A) 굽힘근 전위로 이행된 둘째 발가락의 탈구전 증후군. (B) 탈구전 증후군의 증상 개선을 위한 십자형 발가락 테이핑.

이 도움이 된다. 단단한 밑창을 넣은 신발, 보행용 교정기 혹은 보행용 부츠로 발을 고정할 수 있다. 맞춤 교정기 역시 이 증후군에 원인을 제공하는 비정상적인 발의 구조를 바로잡는 데 도움이 된다. 이 증후군과 관련된 염증성 관절염이 있는지 진단하고 치료하기 위해 류마티스 전문의와 상담하는 것이 좋다.

비수술 치료로 효과를 볼 수 없다면 수술적인 방법을 고려해야 한다. 수술의 목적은 증상이 있는 발가락과 관절을 고정하고 재정렬하는 것이다. 수술 방법으로는 인대를 바로잡거나 팽팽하게 조절하거나, 힘줄을 옮기거나, 망치발가락을 교정하거나, 발가락 뒤의 발허리뼈를 자르는 것 등이 있다. 건막류 같은 다른 증상도 있다면 동시에 문제를 해결할 수 있다. 회복을 위해서는 체중에서 발을 보호하기 위해 단단한 안창이 있는 수술용 신발을 4~6주 동안 신어야 한다.

CHAPTER 09

발꿈치
통증

성인이라면 누구나 한 번쯤은 발꿈치 통증을 느꼈을 것이다. 원인은 지나친 사용이다. 발꿈치는 발의 부위 중 걸을 때 가장 먼저 땅에 닿기 때문에 두드리는 자극을 많이 받는다. 한 걸음씩 옮길 때마다 체중이 뒤에서 앞으로 이동하는 과정에도 관여한다. 따라서 발꿈치 통증은 바닥과 뒷부분에서 발생한다. 발꿈치 바닥의 통증은 발꿈치뼈 아래의 지방층이 얇아지거나, 아치를 형성하는 발바닥 근막에 압력이 생기는 등 대개 발의 구조적이고 기능적인 불균형으로 인해 나타난다. 발꿈치 뒷부분의 통증은 주로 '헤이글런드 기형(Haglund's deformity)'으로 불리는 뼈 확대나 아킬레스 힘줄염에 의해 발생한다.

발바닥 근막염, 헤이글런드 기형, 아킬레스 힘줄염은 발꿈치 통증을 유발하는 가장 흔한 세 가지 원인이다. 이 장에서는 각각의 상태에 대한 원인, 증상, 치료법에 관해 소개하려고 한다. 어린이에게만 나타나는 더 심각한 질병은 13장에서 다룬다.

「 아치 힘줄의 긴장 : 발바닥 근막염 」

발바닥 근막은 발꿈치뼈 혹은 종골에서 발가락의 기저 부분까지 뻗어 있는 인대다. 이것은 발의 아치를 형성하고 안정시키며 스트레스를 흡수하는 역할을 한다. 발바닥 근막의 인대가 늘어나면 염증과 통증이 생기는데, 이런 상태를 '발바닥 근막염(plantar fasciitis)'이라고 한다. 팽팽한 활줄이 활의 아치를 만드는 것처럼 발바닥 근막 역시 발바닥의 아치를 양쪽에서 잡아당긴다. 이 인대는 전체 지지력과 힘의 25퍼센트 가량을 아치에 제공한다(뼈, 근육, 힘줄, 관절 인대가 나머지 75퍼센트를 담당한다). 어떤 활동으로 발에 과다한 하중이나 힘이 들어가면 발은 늘어지고 발바닥의 근막은 편평해진다. 이런 편평한 상태는 인대의 긴장을 높이고, 발꿈치와 인대의 접착 지점을 잡아당겨 염증과 통증을 유발한다. 그 결과로, 발바닥 근막염은 인대와 발꿈치뼈의 바닥 부위가 연결된 지점에서 가장 많이 발생한다. 드물지만 발의 아치가 있는 인대의 가운데 지점에서 나타나기도 한다.

발바닥 근막염은 연령이나 건강 상태와 관계없이 발병한다. 대체로 딱딱한 지면에서 장시간 걷거나 서 있을 때, 과체중이거나 체중이 빠르게 늘어날 때, 새로운 운동을 시작할 때, 부적절한 방법으로 훈련을 할 때, 발에 맞지 않거나 닳은 신발을 신을 때 나타난다. 더욱이 노화와 함께 발꿈치 아래의 지방층이 얇아지면서 발꿈치뼈에 대한 완충 효과가 줄어든다. 결국 뼈는 완충작용을 보완하기 위한 대안으로 액체가 든 주머니윤활낭을 형성하는데, 여기에 염증이 생기면 윤활낭염이 된다. 발꿈치 아래에 생기는 윤활낭염은 근막염과 같지는 않지만 증상과 치료법은 유사하다.

발바닥 근막염은 발꿈치의 가장자리 속이나 바닥 가운데가 얼얼하거나 욱신거리거나 쑤시는 증상을 보인다. 발꿈치 바닥의 바깥 가장자리에서도 통증이 느껴지지만, 이 통증은 주로 처음에 불편이 느껴지는 부위에 압박을 받지 않으려고 발꿈치의 바깥 부분으로 걷기 때문에 나타난다. 발바닥 근막염의 통증은 아침에 일어났을 때처럼 휴식을 취한 직후에 가장 극심하게 느껴진다. 이 통증은 발이 휴식을 취하는 동안 형성되기 시작한 미세 섬유 조직이 찢어지면서 발생한다. 몇 걸음 더 떼면 이 미세 섬유 조직의 찢어짐이 멈추고 통증이 가라앉는다. 그러나 활동이 장시간 지속되면 통증은 다시 증가한다.

발바닥 근막염에 대한 치료는 염증을 줄이고, 아치를 지지하며, 통증을 완화하는 것을 목표로 한다. 일반적으로 치료의 첫 단계는 비스테로이드성 소염제를 복용하고, 지지력과 완충력이 있는 신발을 신고, 기성품 안창이나 아치 보호대를 사용하며, 발의 휴식을 위해 활동을 최대한 자제하는 것이다. 그림 9.1처럼 경직된 장딴

백스터 신경 포착 증후군

백스터 신경은 가쪽 발바닥 신경에서 뻗어 나온 첫 번째 분지이다. 이 신경 증후군은 징후와 증상이 발바닥 근막염과 거의 비슷하기 때문에 여기서 짧게 설명하려고 한다. 흔히 보존 치료에 반응하지 않는 발바닥 근막염 환자는 실제로는 백스터 신경 포착을 가지고 있다. 진단은 신경 전도 검사로 이루어지는데, 이는 10장에서 자세하게 설명할 것이다. 치료는 비스테로이드성 소염제, 코르티손 투여, 아치 지지용 테이핑, 맞춤 교정기, 심한 경우에는 보행용 고정기를 착용하고 4~6주 동안 발을 고정하는 방법 등이 있다. 특히 치료가 어려운 경우에는 신경을 침범한 인대를 수술로 제거해야 한다.

지 근육과 아킬레스 힘줄을 운동으로 펴는 것도 도움이 된다. 이러한 치료법이 효과적이지 않을 때는 다음 단계를 시도하는 수밖에 없다. 통증과 염증을 줄이기 위한 코르티손 주사, 맞춤 교정기, 물리요법, 발바닥 근막을 펴는 데 도움을 주기 위해 고안된 야간 부목 등을 이용한다. 발바닥 근막염이 이런 치료 방법에 반응하지 않으면 4~6주 동안 CAM 워커를 신고 발을 고정해야 한다. 이런 보존적인 방법으로 발바닥 근막염을 완치하려면 6~12개월이 걸린다. 그렇게 해도 효과가 없다면 다른 방법을 고려할 수 있다. 하지만 적어도 6개월 동안은 보존 치료로 상태를 해결하려고 노력하는 것이 좋다.

더 침습적인 치료 방법으로는 충격파 요법(발꿈치와 연결된 발바닥 근막

161

의 복구를 자극하기 위해 초음파로 유도하는 고에너지 충격파), 내시경 발바닥 근막 절개(발바닥 근막 쪽의 긴장을 완화하기 위해 작게 절개하는 방법), 개방 수술(인대를 자르고 돌출된 뼈가 있으면 제거하는 방법) 등이 있다.

치료 후에 발꿈치 통증이 완전히 사라질 때까지 교정기를 착용할 것을 권한다. 그리고 매일 서서 많은 시간을 보낸다면 재발 위

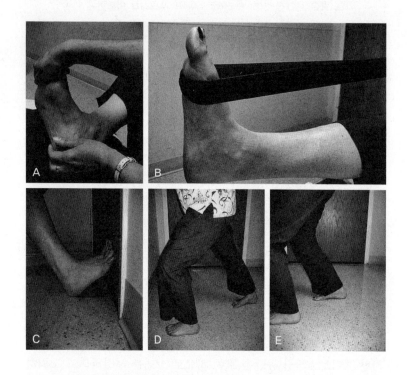

그림 9.1 (A) 발바닥 스트레칭 (B) 수건이나 벨트를 이용한 스트레칭 (C) 벽 스트레칭 (D) 서서 하는 장딴지 스트레칭: 장딴지근 (E) 서서 하는 장딴지 스트레칭: 가자미근 (자세한 스트레칭 방법은 다음 쪽의 글상자 참고)

험을 최소화하기 위해 교정기를 반드시 착용해야 한다. 통증이 사라지거나 경미한 증상만 남게 되면 활동 수준을 점차 높여가도 된

아킬레스 힘줄과 발바닥 근막 스트레칭

두 다리로 다음 스트레칭 방법을 하루 2~3회 실시하면 아킬레스 힘줄과 발바닥 근막 인대의 유연성을 개선할 수 있다.

장딴지근 스트레칭: 벽에서 세 걸음 정도 떨어져서 선다. 다리를 들어 한 걸음 뒤로 뻗고 반대쪽 다리는 벽에 한 걸음 가까이 다가간다. 스트레칭을 하는 다리의 뒤꿈치를 바닥에 편평하게 유지하고 발을 약간 안으로 돌린다^{내전}. 이번에는 엉덩이를 벽 쪽으로 밀고 30초 동안 움직이지 말고 같은 자세를 유지한다. 무릎과 가까운 장딴지 근육에서 당기거나 팽팽한 느낌이 들어야 한다. 다리를 바꾸어 앞쪽의 다리를 뒤로 옮긴다. 다리마다 3회씩 이 운동을 반복한다.

가자미근 스트레칭: 위와 같이 서지만 뒤쪽 다리의 무릎을 앉는 것처럼 구부린다. 움직이지 말고 이 자세를 30초 동안 유지한다. 발목과 가까운 다리 뒤쪽에서 당기거나 팽팽한 느낌이 들어야 한다. 다리를 바꾸며 3회씩 같은 운동을 반복한다.

발바닥 근막 인대 스트레칭: 의자에 앉아 한쪽 다리를 들고 발목 바깥쪽을 다른 쪽 다리의 무릎 위에 올려놓는다. 한 손으로 발가락을 살며시 잡고 정강이 쪽을 향해 최대한 가까이 잡아당긴다. 발바닥이 당기는 느낌이 들어야 한다. 벨트를 이용하거나 벽에 기대서서 이 운동을 해도 된다.

다. 발바닥 근막염은 치료된 이후에도 재발할 수 있으며, 치료된 발꿈치의 통증이 없는 동안 다른 발의 발꿈치에서 발생하는 경우도 있다.

「 발꿈치에 생긴 혹 : 헤이글런드 기형 」

그림 9.2에서 보듯이 발꿈치 바깥 부위에서 뼈가 확대된 상태를 처음 진단한 의사의 이름을 따서 헤이글런드 기형이라고 한다. 이 상태는 무해하지만 가끔 통증을 유발한다. 튀어나온 부위를 '펌프 혹'이라고도 하는데, 뒤축이 딱딱한 펌프스 스타일의 여성화가 원인의 하나이기 때문이다. 그런 별명으로 짐작할 수 있지만, 헤이글런드 기형은 정장화를 신고 많은 시간을 보내는 여성에게 가장 많이 발생한다.

헤이글런드 기형이 있는 사람들은 대부분 이런 뼈 성장이 있는 상태의 발 구조를 가지고 태어난다. 시간이 흐르는 동안 발꿈치에 압력과 마찰이 반복되면서 윤활낭이 형성되어 염증과 통증을 동반한다(윤활낭염). 특히 아치가 높은 발은 걸을 때 바깥쪽으로 돌아가는 경향이 있고(발꿈치가 안쪽으로 회전하면서 발꿈치 바깥쪽을 디디며 걷게 된다), 발꿈치의 뒷부분과 신발의 뒤축이 반복적인 마찰을 일으킨다. 팽팽하거나 짧은 아킬레스 힘줄 역시 발꿈치뼈에 있는 또 다른 윤활낭(누구나 가지고 있는 발꿈치뒤 윤활낭)을 압박함으로써 증상을 일으킬 수 있다. 헤이글런드 기형의 증상은 발꿈치 뒷면의 통증, 발적, 부기 등

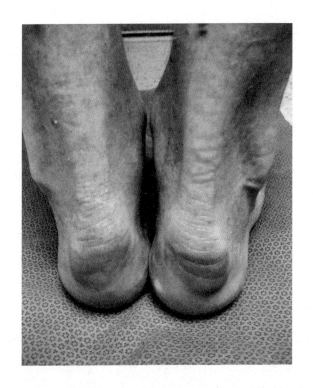

그림 9.2 헤이글런드 기형은 발꿈치 뒷부분의 뼈가 확대되는 상태를 가리킨다.

이다. 해당 부위에 굳은살이 생기는 경우도 허다하다.

헤이글런드 기형의 치료는 비스테로이드성 소염제를 복용하거나, 신발 뒤축 부분에 패드를 대거나, 통증이 있는 부위를 들어올려 신발 뒤꿈치 부분에서 멀어지게 하거나, 패드나 보호대를 사용하여 해당 부위를 보호하는 방법으로 시작한다. 그림 9.1처럼 아킬레스 힘줄을 펴는 운동을 규칙적으로 해도 도움이 된다. 하지만 운동으로 좋은 결과를 얻으려면 시간이 걸린다. 이런 치료법을 써도 증상이 호전되지 않는다면 발의 모음을 조절하기 위해 맞춤 교정기를 착용하는 방법이 있다. 극심한 불편을 느끼는 경우에는 발을 4~6주간 고정해야 한다. 보존 치료가 효과가 없을 때만 수술을 고려한다. 수술 과정에서 발꿈치 뒷부분의 튀어나온 뼈와 염증이 생긴 윤활낭을 모두 제거한다.

「 강하지만 약한 힘줄 : 아킬레스 힘줄염 」

아랫다리와 발꿈치의 뒷면에 있는 아킬레스 힘줄은 사람이 걸을 때 발꿈치로 바닥을 밀어내고 체중을 앞으로 옮기는 데 필요한 힘을 제공한다. 이 힘줄은 9톤의 무게를 견딜 정도로 매우 강력하지만, 손상되면 '아킬레스 힘줄염'이라는 고통스러운 상황이 발생한다. 아킬레스의 어머니 테티스가 스틱스 강에서 한 일을 두고 비난하는 사람이 있을지도 모르지만, 아킬레스 힘줄이 손상에 약한 것은 발꿈치 뒤쪽으로 삽입되는 지점의 빈약한 혈액 공급에 그 원인이 있다.

아킬레스 힘줄염에 가장 취약한 사람은 훈련 상태가 나쁜 '주말병사(주말에만 훈련을 받는 예비병)'이다. 물론 힘줄염은 최고의 운동선수에게도 발생한다. 적절치 못한 적응이나 훈련 혹은 너무 많은 것을 한꺼번에 하려고 하다 보면 힘줄에 손상을 입는 위험에 처하기 마련이다. 아킬레스 힘줄염의 발생 위험성을 높이는 요인에는 유연성 부족, 다리의 윗부분이나 아랫부분 가운데 한 곳의 근력 부족, 장기간에 걸친 발의 모음, 굽이 높은 신발을 자주 신는 습관 등이 있다. 넘어지거나 구멍 속에 발을 빠뜨리거나 인도에서 도로로 발을 헛디디는 등 갑작스런 힘의 부하 역시 아킬레스 힘줄에 손상을 입힐 수 있다. 그뿐만 아니라, 아킬레스 힘줄염은 스포츠, 운동, 하루 종일 서 있는 습관에 따라 힘줄에 반복적으로 작용하는 긴장 때문에도 발생한다.

아킬레스 힘줄염은 힘줄이 감염된 자리에서는 급성으로, 힘줄이 퇴행하는 곳에서는 만성으로 나타날 수 있다. 급성 형태는 발꿈치 뒷면에 부기와 발적을 일으키고 활동 중이나 후에 통증이 뒤따른다. 힘줄을 따라 삐걱거리는 느낌이 들 수 있는데 이것을 '비빔소리^{마찰음}'라고 한다. 약하게 '빽', '뚝', '으드득' 소리가 나는 듯한 때도 있다. 만성 형태는 더 정확하게 '힘줄병증'이라고 하며 발꿈치나 발목 뒷면에서 은근한 통증을 유발한다. 힘줄병증에 걸리면 휴식을 취하고 난 뒤에 뻣뻣하고 아픈 느낌이 든다. 힘줄병증은 힘줄 내부의 구조 이상이나 작은 찢어짐과 관련 있고 가끔 흉터도 남는다. 만성적인 퇴행은 힘줄로 가는 혈류를 줄여 치유력을 감소시킨다. 아킬레스 힘줄이 발꿈치 뒤쪽으로 연결되는 자리에서 칼슘이 비정상적으로 축적되어 뼈의 과잉 성장 혹은 돌기를 유발하는데, 이를 '발꿈치뒤뼈 돌출증(retrocalcaneal exostosis)'이라고 하며 말 그대로 뒤꿈치뼈가 돌출되는 증상이다.

아킬레스 힘줄염의 초기 치료는 앞서 설명한 발바닥 근막염과 헤이글런드 기형의 치료와 비슷하다. 먼저 물리적인 활동을 중단하고 발을 쉬게 하는 것이 중요하다. 또한 그림 9.1과 같은 스트레칭뿐만 아니라 힐 리프트(뒤꿈치를 올려 주는 지지대), 힐 컵(뒤꿈치 보호대), 보호용 힐 슬리브(뒤꿈치를 중점적으로 감싸 주는 양말 종류)를 이용하는 치료법이 있다. 통증이 심하거나 힘줄염이 치료에 반응을 보이지 않는다면 4~6주 동안 CAM 워커나 체중 부하가 없는 단단한 석고붕대로 발을 고정해야 한다. 잘 낫지 않는 경우에는 물리치료도 필요하다. 보존 치료로 6개월 이상 호전되지 않을 때는 수술을 고려한다. 수술 절차는 힘줄염의 구체적인 위치와 퇴행의 범위에 따라 달라지지만, 주로 MRI로 판단한다. 뼈 돌기를 확인하기 위해 X선도 사용한다. 일반적으로 수술은 손상된 부위를 제거하고 힘줄을 보완하며 필요하면 뼈 돌기를 제거하는 과정으로 이루어진다. 회복을 위해 4~6주간 발을 쓰지 않고 그후 2~4주 동안 보행용 부츠나 석고붕대를 착용해야 한다. 그런 다음 지지용 신발을 신는 것이 좋다.

사용하지 않아서 약해진 힘줄과 근육에 힘이 생기게 하려면 물리요법이 필요하다. 물리요법은 발목과 발이 움직일 수 있는 범위를 확대하고 균형을 개선하는 데 도움이 된다. 균형 개선 혹은 균형 재훈련은 초기 힘줄 손상과 이후 수술 과정 모두 신체의 자세와 균형 메커니즘, 즉 '고유감각수용기(proprioreception)'를 깨뜨릴 수 있기 때문에 중요하다. 관절 주위를 에워싼 작은 신경 수용체들은 발과 발목의 자세에 관한 정보를 두뇌로 전송한다. 외상을 겪으면 이 자세의 피드백 메커니즘이 줄어들거나 사라져서 환자들의 재

손상 위험이 증가하기 쉽다.

아킬레스 힘줄염의 발생과 재발을 막으려면 운동을 적절하게 조절하여 훈련 강도를 서서히 높이고, 장딴지 근육을 스트레칭하여 근력을 키우고, 완충작용을 하는 편안한 신발을 신고, 사이클이나 수영처럼 강하지 않은 운동을 병행하는 것이 좋다.

「 기타 발꿈치 통증의 원인 」

앞서 언급한 세 가지 상태가 발꿈치 통증의 가장 큰 원인이지만 다른 원인도 몇 가지 있다. 걸음을 옮길 때마다 느껴지는 심각한 통증은 발꿈치뼈가 피로 골절을 입은 결과일 수 있는데, 이는 14장에서 설명한다. 핀과 바늘로 찌르는 듯한 따끔한 느낌은 발목뼈 터널 증후군 때문일지도 모르는데, 이 증후군은 10장에서 소개한다. 앞의 글상자에서 소개한 백스터 신경 포착 역시 발꿈치 통증을 일으킨다.

이 장에서 설명한 치료법을 활용했음에도 발꿈치 통증이 호전되지 않는다면 류마티스 관절염, 라이터 증후군(Reiter syndrome), 강직성 척추염(ankylosing spondylitis), 건선성 관절염(psoriatic arthritis), 통풍 같은 신체 전체에 영향을 주는 질환이 있을지도 모른다. 실제로 이런 질병이 발꿈치 통증의 원인으로 보고되고 있다. 전신적인 관절염을 앓은 병력이 있는 환자의 경우에는 뒤꿈치 통증을 전신적인 상태로 추측할 필요가 있다. 이 경우에는 증상이 발꿈치에 국한되지 않는다. 치료는 발꿈치 통증의 치료법과 비슷하지만 류마티스 전문의의 진료를 받아보아야 한다. 더 자세한 내용은 11장에서 참고하기 바란다.

CHAPTER **10**

발과 발목에 영향을 주는 신경 증후군

신경은 신체의 말초신경계를 연결하는 전기선이다. 말초신경계는 뇌와 척수를 기관과 발을 포함한 사지로 연결한다. 전기선과 똑같이, 신경은 신경의 신호를 전달하는 속 부분과 절연 기능을 하는 바깥층으로 이루어져 있다. 속 부분은 다시 압력, 통증, 기온, 질감 같은 감각을 느끼게 해 주는 '감각섬유(sensory fiber)'와 근육의 움직임을 통제하는 '운동섬유(motor fiber)'로 나뉜다(또 다른 섬유는 '도피반응', 심장박동, 혈압, 소화계의 자극, 체온 조절 등 몸 안의 불수의적 반응[不隨意的 反應]을 통제한다). 말초신경계의 신경은 척추와 두뇌처럼 뼈나 다른 장벽의 보호를 받지 못하기 때문에 갇히거나 눌릴 위험에 항상 노출되어 있다. 이 장에서 우리는 발과 발목에 영향을 주는 가장 흔한 신경 증후군 몇 가지를 소개할 것이다. 그림 10.1은 아랫다리와 발로 이

171

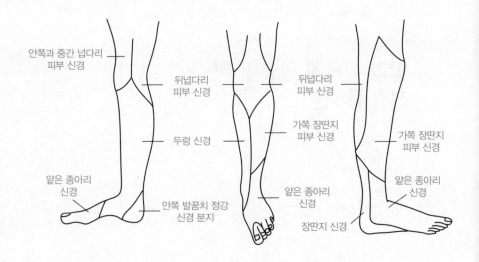

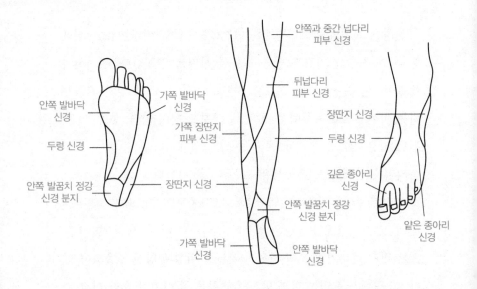

그림 10.1 **아랫다리와 발로 이어지는 신경들에 영향을 받는 광범위한 부위**

PART 2 발의 이상과 여러 가지 문제

어지는 신경들에 영향을 받는 광범위한 부위를 보여 준다. 증후군이 발과 발목에 국한되어 있는 것은 아니다. 하지만 여기서는 그런 증후군이 발과 발목에 얼마나 직접적인 영향을 주는지에 초점을 두려고 한다.

┌ 허리 아래^{허리엉치} 신경 압박 ┐

허리 아랫부분의 신경 뿌리가 눌리거나 지나친 압력을 받을 때 '허리엉치 신경뿌리병증(lumbosacral radiculopathy)' 증후군이 발생한다. 이 신경 뿌리는 척추뼈(척수를 에워싼 뼈) 사이에서 시작된다. 각 척추뼈 사이에는 신경 뿌리를 완충하고 보호하는 원반(disc)이 있다. 흔히 디스크라고 불리는 이 원반 가운데 하나가 충격을 받거나 퇴행하거나 탈골(척추를 둘러싼 인대 사이로 원반이 튀어나오는 경우)을 하면 신경 뿌리는 압박을 받게 된다. 허리 아랫부분의 원반은 부상과 탈골의 위험이 특히 높은데, 이는 몸을 돌리고 숙이고 젖히고 좌우로 굽히면서 받는 상당한 힘의 양 때문이다. 이 부분의 신경은 척추의 퇴행성 관절염에도 자극을 받는다. 이 증상은 뼈 돌기를 만들고 신경이 지나가는 뼈 터널을 좁혀 자극, 염증, 부기를 유발한다. 만약 이 상태가 아랫다리와 발의 감각과 근육을 통제하는 허리엉치의 신경에 조금이라도 영향을 주면 발과 발목에 증상이 발생한다.

'허리엉치 신경뿌리병증'을 앓는 환자는 운동 증상보다 감각 증상을 더 자주 겪는다. 감각 증상은 주로 마비, 쑤시거나 얼얼하거나 찌르는 듯한 통증이다. 이 증상의 강도는 매일 달라질 수 있다. 통증은 무지근하게 아프고 콕 집어내기 어려운 것에서 강렬하고 위치를 파악하기 쉬운 것까지 다양하다. 영향을 받는 부위는 접촉에 매우 민감할 수 있는데, 이를 '무해자극통증^{이질통증}(allodynia)'이라고 한다. 영향을 받는 아랫다리와 발의 구체적인 부위는 어느 신경뿌리가 압박을 받느냐에 달려 있다. 예를 들어, 궁둥 신경통은 허리 아래 부위의 신경 가운데 하나(의학적으로 L5 신경으로 부른다)의 신경뿌리병증이다. 이로 인한 통증은 엉덩이와 아랫다리, 발까지 퍼진다(궁둥 신경은 L4, L5, S1, S2, S3 이렇게 다섯 개의 신경 뿌리에서 시작된다).

허리엉치 신경뿌리병증이 더 진행되면 발과 발목의 근육이 약해지고, 치료하지 않고 방치하면 신경 손상과 근육 약화가 지속되기도 한다. 신경뿌리병증이 근육에 미치는 영향으로 가장 흔하게 발생하는 것이 발처짐이다. 발처짐은 발을 위로 들어올리는 근육과 힘줄이 약해져서 발생한다. 이 근육은 보행 주기의 흔듦기에서 디딤기로 넘어가면서 발이 땅에 닿을 때 속도를 줄일 수 있다. 그런데 발처짐 상태에서 걸으면 발이 땅에 닿으면서 바닥을 치고 다시 발을 들어올릴 때 헛디딜 수 있다(4장).

이 같은 증상으로 전문의를 찾아가면 어느 신경이 개입되었는지 판단하기 위해 몇 가지 검사를 받게 된다. 기본적인 검사는 다리를 곧게 펴서 들어올리는 검사다. 등을 대고 누우면 의사가 환자의 다리를 펴서 엉덩이까지 들어올린다. 이 자세는 신경뿌리의 긴장을 높이는데, 만약 뿌리가 압박을 받는다면 통증을 유발한다. 이 검사를 하는 동안 무릎을 굽히면 통증이 줄어든다. 원반 탈출증이나 기타 정상적인 해부학에서의 변화를 판별하기 위해 X선과 MRI 등 의학 영상 기법을 이용한 검사를 받을 수도 있다. 그 외에 받을 수 있는 검사는 비침습적인 전기 진단 검사로, 신경 전도 검사와 정량적 감각 측정 검사가 있다. 이 둘은 신경이 얼마나 잘 기능하는지 측정하는 검사다. 신경 전도 검사는 피부에 전극을 대고 전기 충격으로 신경을 자극한다. 정량적 감각 측정 검사는 가벼운 접촉과 진동에 대한 반응을 측정한다. 추가적으로 받을 수 있는 검사는 근전도 검사로, 골격근 안의 전기적 활동성을 측정한다. 이 검사는 다른 것보다 조금 침습적인 방법인데, 바늘로 된 전극이 피부를 뚫고 들어가 근육에 닿기 때문이다.

허리 아래의 신경 포착 증후군에 대한 치료는 일반적으로 물리 요법으로 시작한다. 허리 근육 강화 운동, 초음파, 마사지, 전기 자극 등이 해당된다. 휴식과 비스테로이드성 소염제도 초기 치료법에 속한다(지금은 '절대 안정'을 허리 통증에 효과적인 치료법으로 보지 않는다. 이제 환자는 의사가 그만하라고 할 때까지 계속 움직여야 한다). 허리 지지대나 고정기는 척추를 고정하고 통증을 완화하며, 경련이 심한 경우에는 근이완제가 도움이 된다. 증상 완화를 위해 해당 신경뿌리 주변에 코르티손을 투여할 수 있지만, 통증 관리를 전문으로 하는 신경과 전문의, 정형외과 전문의, 마취과 전문의가 이 주사를 담당해야 한다. 통증으로 활동이 매우 제한적이거나 아랫다리가 크게 약화된 경우에는 척추 수술을 고려할 수 있다. 이 수술의 목적은 퇴행하거나 탈출한 원반으로 인한 관절염을 치료하는 것이다.

허리 아래의 신경 포착으로 인한 발이나 발목의 약화는 고정기와 물리요법으로 바로잡을 수 있다. 발과 발목에 안정성을 줄 뿐만 아니라 더 쉽게, 그리고 정상에 더 가까운 자세로 걷는 데 도움이 되는 기성품이나 맞춤식 발목 고정기를 이용한다. 고정기가 도움이 되지 않으면 수술적인 방법을 선택해야 한다. 수술은 근육이 약해지고 불안정한 문제를 해결하기 위한 것이다. 신경 포착으로 영향을 받은 힘줄을 위해 영향을 받지 않은 힘줄을 발의 다른 위치에 이식하거나, 걸을 때 안정적인 지지대 역할을 할 수 있도록 불안정한 관절들을 하나로 묶는 방법이 동원된다.

「 신경 바깥층 손상 : 말초신경병증 」

신경을 에워싼 바깥 보호막이 손상을 입은 상태를 '말초신경병증(peripheral neuropathy)'이라고 한다. 말초신경병증은 하나의 신경이나 한꺼번에 많은 신경이 연관될 수 있다. 신경 하나에 대한 손상단일신경병증(mononeuropathy)은 해당하는 신경에 대한 손상이나 압박으로 발생하며, 그 영향은 신경이 지나는 특정한 신체 부위에 국한된다. 하나 이상의 신경에 대한 손상다발신경병증(polyneuropathy)은 매우 넓은 범위의 이상과 문제로 발생하는데, 원인은 당뇨, 빈혈증, 염증성 관절염, 순환 장애, 신부전, 감염(예: 라임병), HIV, 낭창,

피부경화증 등 다양하다. 다발신경병증의 다른 원인으로는 암, 화학요법, 신경에 대한 외상, 프리드라이히 운동실조증(Friedreich ataxia)이나 샤르코-마리-투스병(Charcot-Marie-Tooth disease) 같은 유전적인 신경 문제, 알코올 중독, 비타민 결핍증, 중금속 중독(납, 비소, 수은, 금, 은 등) 등이 있다. 또한 신경을 꽉 조이는 석고붕대나 보호대를 착용하거나, 다리를 꼬고 앉거나, 긴 수술로 장시간 같은 자세로 누워 있으면서 신경이 압박을 받을 때도 발생한다. 다발신경병증의 증상은 더 광범위해서 신체의 많은 부위에 영향을 미친다.

말초신경병증은 감각 증상이나 운동 증상을 모두 유발할 수 있지만 감각 증상이 더 흔하게 나타난다. 처음에는 마비나 쑤시고 얼얼한 증상으로 시작하며, 찔리거나 전기가 통하는 것 같은 강렬한 통증이 느껴지기도 한다. 주로 눈으로 보는 것, 소리, 영상, 맛, 냄새 같은 다른 감각이 한꺼번에 뇌로 쏟아지지 않는 밤 시간에 더 심해진다. 증상은 보통 발가락에서 시작해서 다리로 퍼져나간다. 환자들은 대개 양말을 신고 있거나 양말을 여러 겹 신고 걷는 느낌이라고 호소한다. 다른 증상으로는 몸이 무거운 느낌, 균형 감각 상실, 접촉에 대한 극심한 민감성 등이 있다. 운동 기능에 이상이 발생하면 근육이 약해지거나 위축된다. 영향을 받은 신경이 통제하는 근육은 약해지거나 마비되는데, 경련이 나거나 씰룩거리기도 한다. 영향을 받지 않은 근육이 약해진 근육을 제압하면서 발과 발목이 구조적으로 변형되기 쉽다. 그래서 발이 안쪽이나 바깥쪽으로 혹은 위나 아래로 향할 수 있다.

의사는 말초신경병증을 진단하기 위해 전반적인 병력을 검토하는 동시에 진찰로 아랫다리와 발의 감각, 반사 신경, 근육 강도를 확인한다. 허리 아래 신경 포착의 경우처럼 비침습적인 전기 진단법을 이용하기도 한다. 환자가 신경병증의 원인이 될 수 있는 상태나 상황을 알고 있는 경우라면 의사는 그 문제가 적절하게 조절되고 있는지 파악하려고 할 것이다. 예를 들어, 당뇨병 환자는 혈당을 조절하고, 악성 빈혈증이 있는 사람은 비타민 B_{12}를 섭취하며, 알코올 중독자는 알코올 섭취를 중단해야 한다.

신경 손상은 주로 진행성이며 영구적이다. 이 때문에 말초신경병증 치료는 증상을 개선하고, 환자가 독립적으로 활동할 수 있도록 하고, 아랫다리의 손상이나 추가적인 부상을 막는 것을 목표로 한다. 치료법은 신경병증의 원인에 따라 달라진다. 약학적인 치료는 통증을 완화하고 마비와 얼얼한 통증과 같은 불편한 느낌을 줄인다. 약을 피부에 바르는 국소 요법은 전신적인 부작용이 거의 없으며 매우 효과적이다. 예를 들어, 하루 3~4회 캡사이신 크림을 바르면 증상이 호전되는 것을 느낄 수 있다. 기본 성분 가운데 하나가 고춧가루이기 때문에 피부가 적응할 때까지 처음 2주 정도는 따끔거리는 느낌이 든다. 5퍼센트 리도카인 패치에는 감각을 마비시키는 국소 마취제가 들어 있다. 하루 열두 시간 동안 가장 불편한 부위에 패치를 붙일 수 있지만 상처가 있는 피부에는 피해야 한다. 경구용 약제도 선택할 수 있다. 항경련제와 항우울제(예를 들어 뉴론틴, 리리카, 심발타, 엘라빌 등)는 감각 증상을 효과적으로 완화하며, 통증에는 마약 성분의 진통제를 복용하기도 한다. 물론 통증 관리를 전문으로 하는 의사가 신중하게 처방한 경우에만 그 사용을 권한다. 비타민 B$_{12}$, 티아민, 엽산 같은 비타민제는 특히 신경병증이 비타민 결핍이나 알코올 중독과 관련되었을 때 증상 완화에 도움이 된다.

물리요법은 말초신경병증으로 인한 통증을 줄이고 근육 강화와 조절에도 도움이 된다. 예를 들어, 전기 자극 치료는 근육 긴장도를 유지하고, 초음파와 마사지 치료는 영향을 받은 신경 주변의 감염과 흉터 형성을 줄이는 데 도움이 된다. 신경병증으로 발 근육이 약화된 경우에는 고정기와 맞춤 교정기로 보행 능력을 개선할 수 있다.

말초신경병증의 치료에서는 발과 아랫다리를 잘 보호해서 부상을 막는 것이 중요하다. 아랫다리의 감각이 사라지면 부상의 위험이 커질 수밖에 없다. 직접 하거나 다른 사람에게 부탁하는 방법으로 매일 발과 발목에 상처, 발적, 부기가 있는지 확인해야 한다. 또한 걸음을 옮기거나 발을 올려놓을 표면의 온도가 너무 높거나 낮지 않은지 확인하고, 보호용 신발을 신거나 가능하면 안창을 사용하는 것이 좋다(15장). 근육 조절 능력을 잃는 경우뿐만 아니라 발과 다리에 감각이 사라졌을 때 목발이나 CAM 워커를 사용하면 걷기가 훨씬 편해진다.

┌ 발에도 생긴다 : 발목굴 증후군^{터널 증후군} ┐

발목굴 증후군^{터널 증후군}은 정강 신경이 발목 부분에서 포착되거나 발로 뻗어 나간 분지 가운데 하나가 포착되었을 때 발생한다. 정강 신경은 다리 뒤쪽을 따라 아래로 내려가 발목뼈 내부로 들어간 뒤에 '발목굴(tarsal tunnel)'로 연결된다. 이 발목굴은 발목뼈^{목말뼈}와 발꿈치뼈로 이루어진 바닥과, 인대로 만들어진 지붕으로 구성된다. 정강 신경은 발목굴에서 두 개의 분지로 나뉘어 발 속의 근육들에 감각과 운동 기능을 제공한다. 이 신경은 확장하기 어려운 작은 공간으로 된 터널 속에 있어서 포착과 긴장을 받기가 쉽다.

발목굴 증후군의 원인은 다양하다. 발목굴 안에서 부기를 유발하거나 공간을 차지할 수 있는 그 어떤 것도 신경 포착을 일으킬 수 있다. 예를 들면, 연조직 덩이, 인접한 힘줄 속이나 주위의 두꺼워짐이나 부어오름 혹은 정맥류 등이 모두 원인이 된다. 류마티스 관절염을 비롯한 염증성 관절염, 당뇨병, 갑상선 저하증 등 전신병으로 인해 신경 주위나 내부에서 부기가 생길 수 있다. 또한 신경 주위에 흉터 조직을 만드는 외상과 신경에 압박을 가하는 뼈 돌출이나 돌기가 모두 발목굴 증후군으로 이어질 가능성이 있다. 편평발 역시 정강 신경의 긴장을 높인다. 마지막으로, '이중 분쇄 증후군(double crush phenomenon)'이 있는데, 이로 인해 여러 곳에서 동시에 신경 포착이 발생한다. 예를 들어, 신경 압박이나 손상이 발이나 발목이 아니라 허리 아래처럼 몸의 더 윗부분에서 발생하면 다리, 발, 발목의 신경세포가 압박에 더 예민해진다.

발목굴 증후군은 발목, 발꿈치, 아치, 발바닥 속과 발가락 밑 정강 신경이 있는 부위에 마비, 쑤심, 얼얼함, 전기 충격을 받는 것 같은 느낌 등의 증상을 보인다. 가끔 침으로 콕콕 찌르는 느낌이 다리 위쪽이나 발 속으로 퍼져나간다. 이로 인한 불편은 걷기나 오래 서 있기 같은 활동이 증가하면서 커지고, 휴식, 다리 높이기, 마사지로 호전될 수 있다..

발목굴 증후군은 정강 신경이 포착되었을 때 의사가 발바닥이나 발가락에서 쑤시는 것 같은 느낌이 드는지 검사하고 진단을 내린다. 발목굴 내부에 종양이 있는지, 인접한 힘줄들이 비정상적인지 혹은 정맥류가 있는지 확인하는 데 MRI도 도움이 된다. 환자가 염증성 관절염, 당뇨병, 갑상선 질환 혹은 비타민 결핍증처럼 관련이 있는 전신 질병을 가지고 있다면, 담당 의사는 혈액 채취를 주문할 수도 있다.

발목굴 증후군의 치료는 원인에 따라 달라진다. 편평발이 신경 긴장의 원인이라면 발의 잘못된 역학을 바로잡기 위해 지지 역할을 해 줄 신발, 아치 보호대, 맞춤 교정기 등을 활용한다. 휴식과 안정 역시 증상을 줄여 줄 수 있다. 정맥류가 원인이라면 압박 스타킹이 정맥 충혈을 완화할 수 있다. 힘줄염이나 흉터 조직으로 인해 발목굴 증후군이 나타난다면 물리요법이 도움이 된다. 신경 주변에 코르티손 주사를 투여하면 통증을 줄일 수 있다.

보존 치료로 증상의 호전이 없는 데다, 발목굴 속에서 연조직 덩이나 뼈 돌기가 확인되었다면 수술을 고려하는 것이 좋다. 수술로 굴의 지붕을 형성하는 팽팽한 인대를 느슨하게 해 주고 발목굴 속의 공간을 차지하고 있는 연조직이나 뼈의 병변을 제거한다. 힘줄 부기나 비후는 신경 주위의 섬유 조직을 제거하거나 흉터 조직의 신경을 열어 정리하는 방법으로 해결할 수 있다. 수술 후에는 2~4주 동안 발에 하중이 실리지 않게 하고, 차츰 정상적인 신발을 신고 체중을 견딜 수 있도록 해야 한다.

⌈ 발가락에 영향을 주는 신경의 손상 : 몰톤 신경종 ⌋

몰톤 신경종은 신경 신호를 발가락에 전달하는 '발허리뼈 사이 신경(intermetatarsal nerves)' 가운데 하나가 포착된 상태를 말한다. 발가락에 신호를 전달하는 신경들이 모두 영향을 받을 수 있지만 몰톤 신경종은 셋째 발가락 밖으로, 그리고 넷째 발가락 안으로 신호를 전달하는 신경에서 가장 흔하게 발생한다. 이 신경은 거의 고정되어 있어서 신경 주위와 내부의 흉터, 비후, 부기를 유발하는 반복적인 압박, 압력, 긴장에 예민하다. '신경종'이라는 말은 '신경에 난 순한 종양'이라는 의미다. 하지만 몰톤 신경종은 종양과는 전혀 관계가 없기 때문에 오해를 받기 쉽다. 몰톤 신경종은 단지 신경의 내부와 주변에 섬유 조직이 형성되면서 신경이 눌리는 것을 말한다. 몰톤 신경종은 남성보다는 여성에게 많이 발생한다.

　신경에 가해지는 직접적인 압력이나 긴장은 신경을 자극한다. 편평발(5장)은 몰톤 신경종의 원인으로 여겨지고 있다. 바깥쪽으로 움직이는 발의 자세로 인해 발가락 신경을 따라 긴장이 높아지고 발허리뼈 머리 아래에 비트는 힘이 생기기 때문이다. 또한 발허리뼈의 자유로운 움직임도 발허리뼈 사이 신경들을 자극할 수 있다. 발에 꼭 끼거나 굽이 높은 신발도 신경종을 형성한다. 발허리뼈 머리를 눌러 신경을 압박하고 발바닥에 지나친 부담을 주어 발허리뼈 사이의 신경에 직접적인 압력을 가하기 때문이다. 굽이 높은 신발을 신으면 발가락이 지나치게 벌어지기 때문에 이 신경에 긴장을 부여할 수도 있다. 이 같은 지나친 벌어짐은 신경을 팽팽하게 할 뿐만 아니라 신경을 잡아당겨 위쪽의 인대를 팽팽하게 하여 자극을 준다. 발가락이 지나치게 벌어지면 망치발가락을 유발할 수도 있다(8장). 몰톤 신경종의 다른 원인은 달리기와 라켓 스포츠 등으로, 발바닥에 반복적인 힘이 전달되면서 신경이 직접적인 외상을 입을 수 있다.

　몰톤 신경종이 있으면 발허리뼈 머리 사이의 신경 포착 지점에서 둔한 통증부터 찌르는 통증까지 다양하게 나타난다. 특히 굽이 높은 신발을 신으면 통증이 심해진다. 모든 감각을 잃는 증상이 흔하게 발생하지는 않지만 화끈거리고 따끔거리는 통증과 함께 경련과 마비가 올 때도 있다. 몰톤 신경종이 있는 사람은 흔히 자갈이나 구슬 위를 걷는 것 같아서 발바닥을 주무르고 싶은 기분이

든다고 말한다.

족부 전문의는 보통 '멀더 신호(Mulder's sign)'라는 간편한 검사로 몰톤 신경종을 진단한다. 멀더 신호는 발이 체중 부하 때문에 어떤 영향을 받는지 보여 준다. 환자에게 한 손으로 발의 양 측면을 움켜쥔 채 다른 손으로 영향을 받은 두 발가락 사이의 피부와 연조직을 꼬집게 한다. 몰톤 신경종이 존재하면 환자와 의사가 모두 느낄 정도로 삐걱거리는 소리가 난다. 진단을 위해 X선, MRI, 고해상도 초음파 등을 이용한 검사 방법도 동원한다.

몰톤 신경종의 치료는 신경에 대한 압박과 긴장을 제거하고 통증과 염증을 줄이는 것과 함께 출발한다. 휴식을 취하고 체중을 싣는 활동으로 보내는 시간의 양을 줄이는 것이 좋다. 비스테로이드성 소염제를 복용하는 것도 도움이 된다. 편평발이 원인인 경우에는 기성품이나 맞춤식 아치 지지대를 착용해서 신경이 받는 긴장을 줄일 수 있다. 신발 안창에 패드를 대거나 발볼 바로 뒤쪽에 아치 지지대를 대면 발허리뼈를 안정화하고 서로 분리시켜 신경종이 받는 압박을 분산할 수 있다. 몰톤 신경종이 있는 사람은 선심이 넓고 고무 밑창이 두꺼워 지지와 완충 역할을 해 주는 신발을 신으면 효과적이다. 아무리 낮더라도 굽이 있는 신발은 피하는 것이 좋다. 그런 신발은 완충작용과 아치 지지 기능이 거의 없고 몰톤 신경종이 형성된 부위가 있는 앞쪽으로 체중을 밀어내기 때문이다. 신경 주위에 코르티손 주사를 투여하면 염증과 흉터 조직을 줄이는 데 도움이 된다. 그러나 코르티손 주사는 제한된 횟수로 활용해야 한다. 지나치게 많은 양의 코르티손을 발허리뼈 사이에 투여하면 발바닥의 지방층이 얇아지기 때문이다.

이런 치료로도 몰톤 신경종이 호전되지 않는다면 더 침습적인 방법을 이용해야 한다. 그 가운데 하나는 신경 주위의 가장 부드러운 부위 뒤에 희석한 알코올 용액을 주사하는 것이다. 일반적으로 7~10일 간격으로 4~7회 투여해야 한다. 신경이 알코올을 흡수하여 가라앉았거나 '딱딱'해져서 더는 기능을 하지 않는다. 또 다른 방법은 무선주파수 치료다. 신경 주위에 국소 마취를 하고 발허리뼈 사이에 전극을 삽입하여 신경종 바로 옆에 전기장을 만든다. 이 전기장이 신경 조직을 파괴하고 통증을 줄여 준다. 세 번째 방법은 냉각진통법이라고 하는 극저온 신경 절개다. 적은 양의 가스를 신경종 주위의 조직으로 보내는 방법이다. 가스는 신경 조직을 얼려서 파괴한다. 신경 조직을 파괴하는 모든 치료가 영향을 받은 발가락의 감각을 영구적으로 제거한다.

몰톤 신경종을 치료하는 수술 방법은 크게 두 가지로 나뉜다. 신경 절제술과 외부 신경 박리술이 그것이다. 신경 절제술은 확대된 신경 부위를 잘라내고 그 신경이 발허리뼈 사이의 근육 속으로 위축되게 하는 방법이다. 그러면 그 신경은 체중이 실리지 않고 신경 내부에서 긴장이 거의 생기지 않는 부위에서 재생할 수 있다. 이 수술법은 신경이 흉터 조직 속으로 다시 자라날 가능성을 최소화한다. 만약 신경이 흉터 조직 안에서 다시 자라나면 포착이 될 수 있는데(절단 신경종으로 불린다), 이는 처음 증상만큼이나 불편할 수 있다. 수술 후에는 단단한 밑창이 달린 신발을 신고 4~6주 동안 보호된 체중 부하 기간을 보내야 한다. 그런 뒤에 3~4주 안에 스니커즈나 운동화로 바꿔 신을 수 있다.

외부 신경 박리술은 영향을 받은 신경을 절단하지 않고 발허리뼈 사이의 인대에서 빼내는 방법이다. 이 수술은 발 부위를 절개하거나 내시경 장비를 사용한다. 수술 직후에는 보호된 체중 부하 상태로 걸을 수 있고 4~6주 후에 정상적인 신발을 다시 신을 수 있다.

「 기타 신경 포착 증후군 」

아랫다리와 발로 이어지는 다른 신경들도 포착될 수 있다. 주로 '온종아리 신경(common peroneal nerve)'과 두 개의 분지, '얕은 종아리 신경(superficial peroneal nerve)'과 '깊은 종아리 신경(deep peroneal nerve)', '장딴지 신경(sural nerve)'에서 발생한다. 얕은 종아리 신경(과 연속된 분지들)은 발등, 앞발부 내부, 작은 발가락 외부에 감각을 전달한다. 깊은 종아리 신경은 엄지발가락과 두 번째 발가락 사이의 조직과 폄근 및 힘줄에 감각을 보낸다. 장딴지 신경은 아랫다리 부위, 발목, 발의 바깥쪽과 뒤쪽에 감각을 전달한다.

온종아리 신경
온종아리 신경은 무릎 관절 바깥쪽 주위로 이어져 있기 때문에 장시간 동안 다리를 꼬고 앉거나, 긴 수술 과정에서 수술대 위에서 다리를 부적절한 자세로 고정하고 있거나, 침대에 누워서 생활하는 환자의 다리가 침대나 침대 난간에 눌리거나, 아랫다리에 석고붕대를 하고 있을 때 손상을 입기 쉽다. 다른 원인으로는 연조직 종양, 뼈 종양, 무릎 기형, 당뇨병과 같은 전신 질환이 있다. 온종아리 신경 포착은 무릎 어긋남, 발이 안쪽으로 돌아가면서 발생하는 발목 접질림 혹은 다리뼈(종아리뼈) 바깥쪽 상부의 골절(결국 뼛조각이 신경을 누르게 된다) 같은 외상으로 발생할 수도 있다.

온종아리 신경이 포착되면 발과 발목의 위쪽과 바깥쪽뿐만 아니라 아랫다리의 앞쪽과 바깥쪽에 마비가 오거나 화끈거리거나 따끔하거나 바늘로 찌르는 것 같은 기분을 느낀다. 발을 위와 바깥쪽으로 들어올리는 근육이 약해져서 걸음을 내디딜 때 발을 땅에서 떼는 것도 힘들어진다. 이럴 때 사람들은 비틀거리는 것을 피하려고 넙다리 근육을 이용해서 다리 전체를 땅에서 높이 들어올리려고 한다. 이것이 독특한 '발처짐 보행(steppage gait)'을 유발한다. 발을 들어올리는 근육이 약한 사람들은 발로 땅을 디딜 때 천천히 혹은 편하게 내려놓는 것도 힘들어 한다. 이런 상태를 '발바닥 치기(foot slap)'라고 한다.

족부 전문의는 X선과 MRI뿐만 아니라 전기 진단 검사를 이용하여 신경 포착의 원인을 규명하고 적절한 치료 방법을 찾는다. 치료법은 상태의 중증도와 원인에 따라 달라진다. 첫 단계는 신경에 가해지는 압박과 긴장의 원인을 제거하는 것이다. 압박의 원인이 외부에 있는 경우에는 원인을 제거하는 것만으로도 신경이 회복되거나 증상이 사라진다. 족부 전문의는 신경을 회복할 수 있도록 걸을 때 임시 고정기를 착용함으로써 발과 발목을 보호할 것을 권한다. 문제의 원인이 되는 아치가 높은 발을 가진 환자는 맞춤식 교정기를 착용하면 발의 자세를 바로잡아 신경이 받는 긴장을 해소할 수 있다. 비스테로이드성 소염제, 뉴론틴(Neurontin)이나 엘라빌 같은 약제 혹은 코르티손 주사는 염증과 통증을 덜어 준다. 근육을 강화하고 원상태로 돌릴 뿐만 아니라 신경 주변의 부기나 흉터 조직을 줄이기 위해 물리요법을 받기도 한다.

신경을 누르는 연조직이나 뼈의 병변에 의한 포착뿐만 아니라 온종아리 신경 포착 증후군이 보존 치료에 반응이 없다면 수술적인 방법을 고려해야 한다. 수술은 원인이 되는 연조직이나 비정상적인 뼈를 제거하고 신경 위에서 압박을 가하는 섬유 띠를 풀어주는 과정으로 진행된다. 아주 드문 경우에만 신경을 완전히 제거하거나 잘라낸다. 수술로 인한 상처가 아물 때까지는 다리를 고정하는 것이 바람직하다. 영구적인 손상이 없으면 신경 자체의 치유는 몇 달이 걸린다.

종아리 신경과 장딴지 신경

깊은 종아리 신경과 얕은 종아리 신경, 장딴지 신경의 신경 포착으로 인한 압박과 증상을 완화하기 위한 치료법은 모두 동일하다. 그러나 각 신경마다 포착의 원인과 증상은 다르다. 먼저 이 신경 각각의 포착 원인과 증상을 설명하고, 이어서 그런 포착 증상의 치료에 관해 이야기하려고 한다.

얕은 종아리 신경은 온종아리 신경에서 분지해서 아랫다리 바깥쪽으로 이어지고 발목 위 피부 아래층 면에 가까이 접근한다. 그런 다음 두 개의 분지로 나뉘며, 그 가운데 하나는 발의 상부 3분의 1과 내부, 그리고 엄지발가락으로 신경 신호를 전달하고, 다른 하나는 나머지 네 개의 발가락 상부와 측면으로 신호를 보낸다. 얕은 종아리 신경은 표피와 가까워지는 곳에서 두 개의 분지와 마찬가지로 손상과 포착에 민감해진다. 포착의 원인으로는 발을 죄는 신발이나 부츠, 발목 앞쪽과 발등의 신경을 누르는 뼈 돌기나 연조직 덩이, 다리 앞쪽이나 발등의 외상이나 멍, 신경에 영향을 주는 발목 염좌 등이 있다. 아치가 높고 발꿈치가 안으로 돌아간 발 역시 신경에 긴장을 가한다. 얕은 종아리 신경의 두 분지 역시 발목 수술이 진행되는 동안 손상과 포착에 예민하다. 신경이 눌린 부위에 날카롭거나 화끈거리는 통증이 있거나, 발목 앞쪽이나 발과 발가락 윗부분을 가볍게 건드리면 감각이 느껴지지 않거나(감각을 잃어도 아플 수는 있다), 신경이 눌리면 찌르는 것 같은 증상인 티넬 징후(Tinel's sign)가 나타날 수 있다.

깊은 종아리 신경 역시 온종아리 신경에서 분지하여 아랫다리의 앞쪽을 따라 이어지다가 발등 가운데 부분에 이른다. 이 신경은 엄지발가락과 두 번째 발가락에 감각을 전달한다. 깊은 종아리 신경의 포착('앞쪽 발목굴 증후군'이라고도 한다)은 발목 앞과, 신경이 표피와

189

가까운 두 군데인 무릎 바로 아래의 바깥쪽과 발등에서 가장 흔하게 발생한다. 신경은 윗다리나 발 중앙에 가해지는 직접적인 외상, 연조직이나 뼈 종양, 뼈 돌기, 발을 죄거나 굽이 높은 신발, 안쪽으로 돌아간 발꿈치로 인해 압박을 받을 수 있다. 발등을 바닥에 대고 체중을 다리에 싣고 무릎을 꿇으면 이 신경이 늘어난다. 인접한 힘줄의 염증이나 비후가 신경을 누를 수도 있다. 증상으로 통증, 찌르거나 얼얼한 느낌, 엄지발가락과 두 번째 발가락 사이의 감각 상실 등이 나타난다. 찌르는 듯한 느낌은 발을 죄는 신발이나 부츠를 신으면 더 심해지고 발목을 움직이면 증상을 악화시킬 수 있다. 발을 들어올리는 근육의 약화와 그로 인한 '발처짐'은 아랫다리 상부에 있는 신경이 장기간 포착될 때 발생한다.

장딴지 신경은 장딴지 뒤쪽에서 시작해서 아킬레스 힘줄 바깥쪽을 따라 이어지다가 발과 발목 바깥쪽으로 연결된다. 이 신경은 아랫다리 뒤쪽과 바깥쪽, 발꿈치와 발의 바깥쪽에 감각을 전달한다. 장딴지 신경 포착의 원인으로는 신경이 지나는 길에 있는 연조직 덩이와 뼈 돌기, 아킬레스 힘줄 등의 힘줄 비후가 있다. 수술과 골절로 인한 상처도 장딴지 신경에 영향과 손상을 줄 수 있다. 증상은 발과 발목 표피에 통증, 찌르는 느낌, 마비, 장딴지 통증, 신경의 길이를 따라 생기는 감각 상실 등이 있다. 활동량이 늘어나고 발을 안쪽으로 돌리려고 할 때마다 증상은 심해진다.

이런 모든 신경 포착의 치료는 신발을 바꾸어 신거나 맞춤 교정기를 착용하여 신경의 긴장과 압박을 제거하거나 최소화하는 것에서 시작해야 한다. 비스테로이드성 소염제를 복용하고 코르티손 주사를 맞으면 통증과 부기가 완화된다. 코르티손 주사는 신경 주위의 흉터 조직을 줄이는 데도 도움이 된다. 신경 증상이 이런 보존적인 방법에 반응을 보이지 않는다면 수술이 대안이 될 수 있다. 족부 전문의는 희석 알코올 주사, 무선주파수, 냉각진통법 등 몰톤 신경종 부분에서 설명한 최소한의 침습적인 수술법을 먼저 시도할 것이다. 이 방법들은 신경을 압박하는 뼈나 연조직의 병변이 없다는 것을 전제로 활용할 수 있다. 수술은 위축된 섬유 조직을 풀어 주고, 신경에 영향을 주고 압박을 가하는 연조직 덩이나 뼈 돌기를 제거한다. 예를 들어, 직접적인 충격으로 심각한 손상을 입은 경우, 족부 전문의는 신경을 절단하고 묻어서 주변의 근육으로 위축하게 하는 신경 절제술을 실시할 수 있다.

발과 발목 관절에 영향을 주는 관절염

관절염(arthritis)은 '관절(arthro)'의 '염증(-itis)'을 뜻한다. 건강한 관절은 부드럽게 움직인다. 또한 건강한 발과 발목의 관절은 충격 흡수를 돕는다. 그러나 연골, 인대, 힘줄, 주머니 등 관절의 구성 요소들 가운데 하나 이상이 손상을 입으면 관절은 안정성을 잃고 다시는 부드럽게 움직이지 않는다. 손상의 정확한 원인이 무엇이든 손상된 관절은 관절염에 걸려 있다. 관절염은 몸의 모든 관절에 영향을 줄 수 있으며, 통증을 동반하고 행동을 제한하거나 장애를 입게 한다. 염증이 생긴 관절의 위치, 원인, 증상, 진단과 관계없이 치료 방법은 비슷하다. 이 장에서는 발과 발목의 관절에 가장 많은 영향을 주는 세 종류의 관절염인 골관절염, 류마티스 관절염, 통풍에 관해 알아볼 것이다.

「 닳은 연골 : 골관절염 」

'골관절염(osteoarthritis)'은 관절 내부의 연골이 닳은 상태를 일컫는다. 연골은 관절이 움직이는 동안 뼈를 보호하고 완충하는 조직이다. 연골은 전체적이거나 부분적으로 나빠지고 가늘어질 수 있는데, 이로 인해 뼈는 보호막과 부드럽게 미끄러지는 표면을 잃게 된다. 인대가 없다는 것은 관절 안에서 뼈와 뼈가 서로 맞닿아 움직인다는 것과 같다. 뼈는 단단하고 겉보기에 고정되어 있는 것 같아도 끊임없이 '재형성(remodeling)' 과정을 겪는다. 이로써 오래된 뼈는 제거되고^{뼈 흡수}(resorption) 새로운 뼈가 만들어진다^{뼈 형성}(ossification). 뼈의 재형성은 골절이 치유되는 유일한 이유다.

마찰이 계속되면 닳은 연골 부위 아래 더 두꺼운 층 아래에서 뼈가 축적되는 '연골밑 경화증(subchondral sclerosis)'이 일어난다. 그림 11.1에서 보는 것처럼 X선상에서는 이 두꺼운 층이 연골 아래의 짙은 흰색 부위로 나타난다. 관절 내의 표면이 증가하면서 관절에 의해 형성된 체중과 힘을 신체가 재분산하는 과정에서 관절 주변부에도 뼈가 추가적으로 형성될 수 있다. 이 같은 뼈의 과잉 성장을 뼈 돌기 혹은 '뼈 곁돌기^{골증식}(osteophytes)'라고 한다.

골관절염이 진행되면 닳은 연골 부위 아래의 뼈 속에 물주머니가 생길 수 있다. 연골이 계속해서 깎이면 그림 11.1처럼 관절이 더 좁아지게 된다(뼈와 뼈 사이의 거리가 짧아진다). 헐거워진 연골이나 뼈는 빠져나와 관절의 경계 안에서 떠다니기도 한다. 그러면 관절의 운동성이 줄어들게 된다. 관절주머니 속을 감싸고 윤활액을 분비하는 조직인 '윤활막(synovial membrane)'은 자극을 받아 염증이 생기고, 결국은 진한 액체를 더 많이 분비하게 된다. 이런 과잉 생산된 윤활액은 관절 속에서 '삼출(effusion)'로 심한 부기를 일으키고 관절

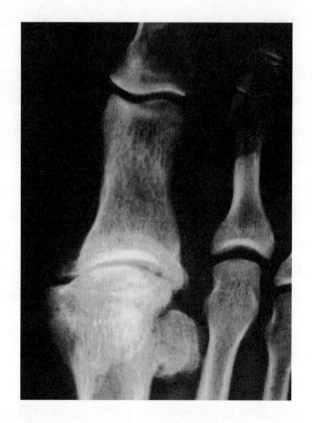

그림 11.1 골관절염이 발생한 발가락에서 관절의 양쪽 면에 짙은 흰색 뼈가 보인다. 오른쪽 발가락의 정상적인 관절 공간과 비교할 때, 왼쪽 발가락의 관절 공간이 불균일하게 좁아져 있다.

PART 2 발의 이상과 여러 가지 문제

주머니에까지 영향을 미쳐 통증을 유발할 수 있다.

골관절염은 단일 관절에서 혹은 많은 관절에서 동시에 발생할 수 있다. 발과 발목에 있는 6개의 관절이 가장 많은 영향을 받는다. 6개의 관절이란 엄지발가락 관절(첫째 발허리 관절), 첫째 발허리뼈와 그 뒤의 쐐기뼈(첫째 발허리 쐐기 관절), 발목뼈와 그 앞의 발배뼈 사이의 관절, 발꿈치와 발목뼈 사이의 관절(목말밑 관절), 발목 관절이다. 골관절염의 발생은 나이가 들면서 증가한다. 이는 골관절염을 소모(닳고 찢어지는) 관절염과 퇴행성 관절병이라고 부르는 이유이기도 하다.

나이가 들면 연골 내의 단백질 조직이 감소하여 연골이 점점 제 기능을 잃는다. 이 같은 연골 퇴행을 '일차적 골관절염(primary osteoarthritis)'이라고 한다. 일차적 골관절염은 같은 가족 안에서 세대를 이어 드물지 않게 발생한다는 점에서 유전적 요소가 있는 것으로 본다. 다른 종류의 골관절염은 2차적 관절염으로, 원인이 분명하다. 관절에 기계적인 부담을 가중하거나 압력을 균일하지 않게 분산하는 모든 것이 연골을 닳게 하거나 깎아 낼 수 있다. 예를 들어, 비만, 비정상적인 발의 역학, 스포츠와 운동으로 인한 반복적인 압박, 뼈 기형, 관절 불안정성, 근육 약화 등 모든 것이 관절에 부담을 준다. 특히 발과 발목의 관절은 일상에서 반복적인 압박에 노출되므로 마모에 민감하다. 더욱이 관절 연골에 손상을 입히는 일이나 상태가 골관절염을 유발할 수 있다. 그 예로, 외상, 수술, 염증성 관절염, 당뇨병, 감염, 특정 약물, 영양 불균형 등이 있다.

발목 관절처럼 자주 사용하는 관절은 증상이 가장 잘 발현되는

데도 아무런 증상을 느끼지 못하는 사람도 있다. 또 어떤 사람은 관절염으로 극심한 통증을 느끼고 행동에 제약을 받는다. 통증은 무딘 통증에서 날카롭고 화끈한 느낌까지 다양하게 나타난다. 흔히 휴식을 하고 나서 처음 몇 걸음을 내디딜 때 발에서 통증과 경직된 감각이 느껴진다. 그러다 활동을 시작한 지 10~15분이 지나면 점점 편해진다. 하지만 활동의 수준을 높이거나 긴 시간 동안 걸으면 다시 통증이 심해질 수 있다. 골관절염을 앓는 환자는 특히 습도가 높거나 추운 날씨에 염증이 생긴 관절의 통증이 심하다고 느낀다. 관절이 잘 움직이지 않고 가끔은 아예 운동성을 잃어버리기도 한다.

골관절염을 앓는 환자는 통증, 줄어들거나 완전히 잃어버린 관절의 운동성 때문에 절뚝거리며 걷기도 한다. 움직일 때 관절 속에서 뼈가 갈리거나 부스러지는 것처럼 비빔소리가 들린다. 관절 주위에 뼈 돌기가 있으면 굳은살이 생길 수도 있다. 전체는 아니지만 일부 환자의 경우에 관절 부위에서 부기, 발적 혹은 열이 발생하기도 한다. 골관절염의 정도가 심각하면 감염 관절 부근의 근육에서 경련과 연축을 경험할 수 있는데, 이는 아픈 관절을 보호하려고 근육을 지나치게 사용한 결과이다.

병원에서는 골관절염 진단을 확정하기 위해 다양한 검사를 한다. X선으로 관절 내 공간이 좁아진 정도, 연골 아래 흰색으로 변한 뼈, 뼈 돌기, 헐거워진 뼈, 뼈 속 주머니 등 관절염의 범위를 확인한다. CT로 불리는 특수 X선, MRI는 관절염과 관절 내 기형의 범위를 더 정확하게 측정하기 위해 사용하는 추가적인 검사 방법이다. 이 검사들은 수술을 위한 준비 과정에서 시행한다.

증상과 진단을 위한 영상법으로도 관절이 골관절염이나 다른 종류의 관절염에 영향을 받는지 분명하게 파악할 수 없다. 이런 상황에서 족부 전문의는 환자에게 혈액 검사를 받게 하거나 염증이 있는 관절 내에서 발견되는 액체를 검사하기도 한다. 이 액체의 시료를 채취하려면 국소 마취로 '흡인'을 해야 한다. 흡인은 침을 이용해서 관절에 구멍을 뚫어 주사기로 액체를 빼내는^{관절천자}(arthrocentesis) 수술적인 방법이다. 관절 흡인은 액체 시료를 뽑아내는 것 외에도 과잉 액체를 제거함으로써 압박을 줄이고 결과적으로 통증을 덜어 주는 효과가 있다. 또한 외상에 의한 손상 이후 혈액을 빼낼 때도 이용하는 방법이다.

현재 연골의 악화를 막을 방법은 없다. 골관절염을 비롯하여 실제로 모든 종류의 관절염에 대한 치료의 목적은 통증과 부기를 줄여 환자의 활동력을 개선하는 것이다. 족부 전문의는 문제의 정도에 따라 연관된 관절을 치료하는 방법을 정한다. 처음 시도하는 치료는 활동을 쉬고 바꾸는 것으로, 특히 통증이 있는 관절에 스트레스를 더하는 활동과 신발은 피해야 한다. 예를 들어, 엄지발가락 관절에 관절염이 있을 때는 무릎을 꿇고 앉으면서 엄지발가락이 펴지게 하거나 굽이 높은 신발을 신으면 안 된다. 발을 고정해 주는 신발, 시판 아치 보호대, 맞춤 교정기를 착용하면 통증을 덜수 있다. 이 방법으로 염증이 있는 관절을 보호하고 지지력을 얻고 체중 부하를 줄이며 발의 자세를 교정할 수 있다. 관절이 경직되었거나 염증이 심할 때는 고정기가 도움이 된다.

골관절염을 앓고 있더라도 운동은 계속할 수 있다. 하지만 아픈 관절에 가해지는 스트레스의 강도와 빈도를 최소화하기 위해 활동을 바꾸어야 한다. 발과 발목에 반복적인 스트레스와 영향을 주는 러닝머신이나 스텝머신 대신 수영, 일립티컬머신이나 실내 자전거 혹은 라이트웨이트 트레이닝을 하는 것이 좋다. 관절에 심한 통증이 가라앉으면 운동을 할 것을 권한다. 왜냐하면 운동이 관절의 운동성을 높이고, 관절이 경직되는 것을 막아 주며, 발 관절을 지지하는 근육을 강화하기 때문이다. 운동은 또한 연골 성장과 뼈 강화를 자극하는 것으로 알려져 있다. 운동 전에 따뜻한 팩, 따뜻한 물이 담긴 병 혹은 온수 샤워로 관절과 주변 근육을 데우면 활동을 시작했을 때 관절의 경직도를 줄일 수 있다. 마찬가지로 운동 후에 얼음을 대면 부기와 근육 경련을 막는 데 도움이 된다.

골관절염의 증상을 완화하거나 조절할 목적으로 약물을 사용하기도 한다. 이부프로펜, 나프록센, 렐라펜 같은 비스테로이드성 소염제는 단기간의 통증 완화를 위해 사용한다. 그러나 부작용 가능성이 있어서 장기간 사용에는 부적합하다. 타이레놀은 부작용이 거의 없어서 주로 초기에 사용한다. 이 약은 통증 완화에 도움이 되지만 소염 작용은 약하다. 간 질환이 있는 환자에게는 타이레놀을 권하지 않는다. 쿠마딘 같은 혈액희석제를 복용하는 환자는 의사의 관리하에 타이레놀을 사용해야 한다. 염증이 있는 관절 위와 주위의 피부에 국소 약물을 직접 바르는 방법도 있다. 벤게이 같은 캡사이신 크림이나 멘톨을 함유한 연고 혹은 처방전이 있어야 구입할 수 있는 볼타렌 젤이 도움이 된다. 오메가 어유, 황산 콘드로이틴과 글루코사민, 종합비타민제, 생강, 칼슘 등 처방이 필요 없는 보충제도 효과가 있다. 하지만 이런 보충제를 복용하기 전에 의사나 적어도 약사와 상담을 하는 것이 좋다. 약초 성분이 있는 제제를 비롯한 모든 시판 보충제가 부작용과 약물 상호작용을 나타내기 때문이다.

통증이 극심한 관절에는 관절에 코르티손 주사를 투여하면 단기간에 상당한 통증과 부기를 완화할 수 있으며, 가끔 장기 사용에도 효과가 있다. 신비스크(synvisc)는 관절의 완충과 윤활을 일시적으로 개선하는 작용을 한다. 심각한 관절 질환을 가지고 있는 환자는 가장 적절한 약물 요법을 결정하기 위해 류마티스 전문의의 진료를 받는 것이 좋다.

그 외의 비수술 치료법으로는 물리요법이 있다. 물리요법은 통증을 완화할 뿐만 아니라 염증이 있는 관절을 에워싸고 있는 힘줄과 근육을 강화하고 관절의 운동성을 높이거나 유지하는 데 중점을 둔다. 보존적인 방법으로도 통증이 가라앉지 않는다면 수술을 생각해야 한다. 수술의 목적은 통증 경감과 더불어 발과 발목의 전체적인 기능 개선에 있다. 발과 발목에 대한 수술은 어떤 관절과 관계가 있느냐에 따라 달라진다.

「 과잉 활동하는 면역계 : 류마티스 관절염 」

류마티스 관절염은 만성진행성 자가면역 질환이다. 다시 말해, 면역계가 과잉 작용을 해서 신체가 자기 조직을 잘못 공격해서 생기는 질환이다. 이는 몸속의 여러 관절 안에서 염증과 조직 퇴행을 부르는 전신성 질환이다. 다른 기관계도 관여할 수 있다. 예를 들어, 심장을 둘러싼 막^{심낭막}, 폐 내막^{흉막}도 염증을 일으킨다. 잘못된 면역 반응으로 화학물질과 효소가 관절로 흘러들어가고 시간이 지나면 관절의 활막을 두껍게 하여 염증을 일으킨다. 이런 상태를 '활액막염(synovitis)'이라고 한다. 활막은 두꺼워지면서 지나치게 많은 활액을 생산하는데, 이것이 영향을 받는 관절의 부기를 유발한다. 면역계에서 방출한 화학물질과 효소 역시 연골, 뼈, 힘줄, 주머니, 인대에 손상을 입힌다. 여러 해에 걸쳐 질병이 진행되는 동안 관절은 불안정해지고 결국 파괴되거나 형태가 변한다. 그 결과는 영구적인 장애로 나타난다.

지금은 무엇이 류마티스 관절염을 일으키는지 아무도 모른다. 질병 발생에 유전적 요소가 관여한다는 강력한 증거가 있으며, 화학적이거나 환경적인 영향도 있다고 생각하는 사람들도 있다. 가능한 원인을 더 꼽아보자면, 박테리아, 바이러스, 곰팡이 감염이다. 흡연도 가능한 원인으로 거론된다.

류마티스 관절염은 남성보다 여성에게 세 배 정도 많이 발병한다. 그리고 일반적으로 40세 이후에 두드러지게 발생한다. 흔히 몸속의 작은 관절이 먼저 영향을 받기 때문에 질병의 초기 징조는 대개 발에서 나타난다. 일반적으로 여러 개의 관절이 양 방향으로 영향을 받는다. 다시 말해, 한 관절의 양 면에서 감염된다는 것이다. 발의 경우에는 앞발부가 가장 흔하게 영향을 받지만 발의 모든 관절이 류마티스 관절염을 일으킬 수 있다.

초기에는 류마티스 관절염의 증상이 약하다. 감염된 관절에서 분명한 질병의 징후가 없어서 몇 주나 심지어 몇 달 동안 증상을 못 느끼는 경우도 있다. 그러나 질병이 '활성'이면 불쾌한 증상을 동반한다. 휴식을 하고 난 이후 한 시간 이상 관절 경직이 지속되다가 결국은 '느슨'해진다. 영향을 받은 관절은 흔히 통증을 일으키고 빨갛게 부어오르고 열이 난다. 관절 증상이 활성일 때 동반되는 전신성 징후는 피로감, 활력 감퇴, 식욕 감퇴, 근육 경직 등이다.

류마티스 관절염이 진행되면 발에서 다른 문제도 발생할 수 있다. 뒤정강 힘줄염(5장), 망치발가락, 건막류, 발허리통증(8장), 발바닥 근막염과 아킬레스 힘줄염(9장), 발목굴 증후군(10장) 등이 동반되는 것이다. 뼈의 과잉 성장이 진행된 부위에서 굳은살이나 티눈(6장)이 형성되어 활액낭염이 생길 수도 있다. 더 심하면 지나친 압력에 노출된 부위에 궤양이 발생하기도 한다. 류마티스 관절염이 중발부의 관절을 과녁으로 삼으면 중발부 붕괴(아치 상실)가 발생한다. 뒷발부의 관절이 관련되면 뒷발부 외번 혹은 회내(바깥으로 돌아가는 현상)이 일어난다.

류마티스 관절염은 또한 혈관 내 염증을 일으키는데, 이를 '맥

CHAPTER 11 발과 발목 관절에 영향을 주는 관절염

관염(vasculitis)'이라고 한다. 이 질환은 사지로 흐르는 혈액을 차단한다. 맥관염은 피부의 치유력을 저해할 뿐만 아니라 피부를 약하고 얇게 만든다. 아랫다리와 발에서 발생하는 맥관염의 전형적인 징후는 발톱판 밑의 검은 선으로, 이를 '선상 출혈(splinter hemorrhages)'이라고 한다.

장기간 지속되는 류마티스 관절염에서 흔하게 찾아볼 수 있는 또 다른 특징은 발의 연조직 내에 존재하는 결절이다(류마티스 결절). 이 류마티스 결절은 뼈가 돌출한 부위나 반복적인 압박에 예민해진 부위에서 가장 많이 발생한다. 이 결절은 주변 조직과 닿게 되면 통증을 유발하며, 만성적이고 반복적으로 스트레스에 영향을 받으면 궤양으로 발전할 수 있다.

류마티스 관절염의 진단은 류마티스 전문의에 의해 직접 혹은 간접적으로 이루어진다. 진단을 위해 채혈로 감염을 확인하고, 류마티스 관절염과 기타 염증성 관절염에 영향을 주는 원인을 찾고, 관절염이 신장과 간 같은 다른 장기에 미친 영향을 측정하기 위한 검사를 몇 가지 더 받게 된다. 의사는 X선과 MRI를 찍도록 하며 관절염과 관련해서 소개했듯이 관절 흡인도 실시한다. 다음 일곱 가지 지표 가운데 네 가지 이상에 부합하면 류마티스 관절염으로 진단받게 된다.

1 적어도 6주 연속으로 한 시간 이상 아침에 경직이 일어난다.
2 적어도 6주 이상에 걸쳐 3개 이상의 관절에서 관절염과 부기가 발생한다.

3 적어도 6주 이상 손 관절에 관절염이 있다.

4 6주 이상 대칭적 관절염이 있다.

5 피하 결절이 존재한다.

6 양성 류마티스 인자가 존재한다(혈액 검사에서 확인 가능하다).

7 관절 침식이 있다.

류마티스 관절염의 치료는 통증과 감염 증상을 줄이고, 추가적인 관절 기형과 파괴를 방지하며, 기능성을 유지하는 것이 목표이다. 통증과 감염을 완화하기 위한 초기 치료 약물로는 타이레놀, 아스피린, 비스테로이드성 소염제, 경구용이나 주사용 스테로이드 등이 있다. 의사들은 몇 달 이상 비스테로이드성 소염제를 사용하는 것을 권하지 않는다. 복통, 위궤양, 출혈 같은 위장 부작용의 가능성 때문이다. 세레브렉스(Celebrex)처럼 최근에 나온 비스테로이드성 소염제는 이런 부작용이 거의 없으며 몇 달에서 몇 년 동안 장기 복용할 수 있다.

심한 증상을 줄이는 데는 비스테로이드성 소염제보다 스테로이드가 더 효과적이다. 하지만 체중 증가, 피부 얇아짐, 얼굴 부기, 뼈 약화(골다공증), 타박상, 근육 쇠약, 대형 관절 약화 등 중대한 부작용의 가능성이 있다. 일반적으로 증상이 호전되면 경구용 스테로이드 사용을 줄인다. 영향을 받은 관절에 직접적으로 주입하는 스테로이드 주사는 관절의 기능을 개선할 뿐만 아니라 통증과 염증을 줄이는 데 탁월한 효과가 있다. 하지만 한 관절에 투여할 수 있는 주사의 횟수는 제한적이다. 지나친 스테로이드는 더 심각한 관절 손상을 부르기 때문이다.

통증과 염증을 조절할 수 있게 되면 진행성 손상과 관절 기형을 막기 위해 다른 약물을 사용한다. 이 약물들은 면역계를 억제하고 관절 안에서 파괴적인 효소가 생성되는 것을 막는다. 예로 들면, 메토트렉사트, 금염, 프라퀘닐, 이무란, 레미케이드, 엔브렐 등이 있다.

다른 치료법은 골관절염 치료에서 소개한 것과 비슷하다. 오메가-3 어유는 소염 작용을 하는 것으로 알려져 있다. 벤게이 등 캡사이신 연고, 처방이 필요한 볼타렌 젤 같은 국소용 멘톨 크림은 불편을 덜어 준다. 영향을 받은 관절에 대한 하중과 압력을 줄일 뿐만 아니라 보호와 지지 작용을 하는 안정적이고 여유로운 신발, 맞춤 교정기 혹은 고정기를 착용해도 도움이 된다. 관절의 운동성을 유지하고 주변의 지지 근육을 강화하기 위해 규칙적인 운동을 계속하는 것이 바람직하다.

보존 치료가 효과를 보이지 않는다면 수술을 고려해야 한다. 수술의 목표는 통증을 없애고 발과 발목이 제 기능을 찾도록 돕는 것이다. 골관절염의 경우와 마찬가지로 발과 발목에 대한 수술 방법은 관여한 관절에 따라 달라진다. 앞서 말한 대로 류마티스 관절염으로 인해 빈번하게 발생하는 발 문제는 다른 장에서 치료법과 더불어 소개할 것이다.

「 관절 속의 결정 : 통풍 」

통풍은 신체가 요산 처리에 어려움을 겪을 때 발생하는 관절염이다. 요산은 우리의 혈류에 정상적으로 존재하는 물질이다. 우리 몸은 단백질 대사 과정에서 생산된 '푸린(purine)'을 처리하기 위해 요산을 생산한다. 푸린은 우리 몸에서 자연적으로 형성되며, 음식을 먹는 과정에서 소비된다. 우리의 몸은 주로 신장을 통해서 요산을 제거하고 위장관으로 적은 양을 보낸다. 그런데 통풍이 있으면 너무 많은 요산을 생산하거나, 더 빈번하게 일어나는 일이지만, 그것을 제거하는 데 어려움을 겪는다. 결과적으로 혈액에 지나치게 많은 요산이 남고^{고요산혈증}(hyperuricemia), 이것이 결정으로 변해서 관절, 힘줄, 주위의 연조직에 축적된다. 면역계는 관절 속과 주변의 요산에 대해 염증성 화학물질을 방출하는 것으로 대응한다. 이것이 관절을 빨갛게 붓게 하고 발열과 통증을 부른다. 통풍은 여성보다는 남성에게 더 많이 발생한다.

푸린을 적절하게 대사하지 못하는 것은 흔히 유전적인 특질이지만 통풍의 발생에 기여하는 다른 요인들도 있다. 단백질이 풍부한 음식이나 알코올을 지나치게 섭취하거나, 비만이 있거나, 신장병, 암, 당뇨병, 고혈압, 고지혈증(혈액 속에 지방이나 지질이 과잉되는 증상), 갑상샘 저하증(갑상샘의 기능이 불충분한 상태)이 있거나, 특정 약물(아스피린, 티아지드 이뇨제, 니아신, 장기 이식에 사용하는 거부반응 제어제, 화학요법)을 복용할 때 발생하는 것으로 보고 있다. 또한 관절 손상, 탈수증, 발열 혹은 수

205

CHAPTER 11 발과 발목 관절에 영향을 주는 관절염

술로 인해 발생하기도 한다.

통풍 관절염의 중요한 증상은 관절의 발적, 발열, 부기, 약화가 빠르게 진행되는 것이다. 관절을 에워싸고 있는 연조직 내부의 심각한 감염뿐만 아니라 관절 안에 결정이 물리적으로 존재하는 경우에 통증이 발생한다. 증상은 주로 한밤중이나 아침에 잠에서 깨면서 시작한다. 통증이 너무 심해져서 이불이 발등을 덮는 힘조차 견디기 어려워진다. 전형적으로 통풍의 공격은 열흘을 넘지 않으며 며칠 지나면 호전되는 것이 보통이다. 이런 염증의 급작스러운 발생은 시간이 흐르면서 더 자주 나타날 수 있다. 또한 통풍은 시간이 흐를수록 신체 조직에 대해 더 파괴적으로 변하면서 연골과 뼈에 손상을 입힌다. 요산 결정은 연조직에서 축적되어 '통풍 결절(tophi)'이라는 분필 같은 흰 연조직 덩이가 된다. 이런 요산 결절은 관절 주위의 궤양(가끔 관절에서 떨어진 연조직에서도 발생한다), 신장 결석, 신장의 여과 기제 막힘 등의 합병증으로 이어진다. 통풍과 그로 인한 통풍 결절은 대체로 심장에서 가장 멀고 비교적 찬 부위를 공략한다. 이런 이유로 발과 발목에서 통풍이 주로 발생하는 것으로 보인다.

통풍이 의심되어 병원을 찾으면 족부 전문의는 앞서 관절염 부분에서 설명한 대로 상태의 진단을 위해 관절 흡인 검사를 할 수 있다. 다양한 검사를 위해 채혈을 실시하기도 한다. 혈중 요산 수치 자체로는 통풍 진단을 내리기에 불충분하다. 낮은 비율이지만, 요산 수치가 높은데도 관절염이나 신장 질환에 걸리지 않는 사람들도 있다. 그 반면에 심각한 수준의 통풍을 앓으면서도 요산 수치가 정상 범위에 속하는 경우도 있다. 마지막으로, 관절 주변에 있는 뼈의 침식과 통풍 결절의 존재 여부 등 관절의 손상을 측정하기 위해 X선 검사를 실시하기도 한다.

급성 통풍을 치료하는 목표는 통증과 염증을 완화하고 더 편하게 걸을 수 있게 하는 것이다. 처음에 주로 사용하는 약물은 이부프로펜이나 나프로신 같은 비스테로이드성 소염제다. 처방 인도메타신은 심각한 통풍 증상을 경감하는 데 탁월한 효과를 가진 비스테로이드성 소염제이다. 그러나 신장이나 간 혹은 위장 질환을 앓은 환자는 이런 약물에 주의를 기울여야 하며, 반드시 의사의 지시에 따라 복용해야 한다. 경구용이나 주사용 스테로이드는 통증과 염증 경감에 효과적이며 신장과 위장 병력이 있는 환자라도 안전하게 사용할 수 있다. 심각한 통풍을 다루는 데 효과가 있는 또다른 처방 약물은 콜히친(Colchicine)이다. 통증과 부기가 가라앉을 때까지 혹은 구토나 설사 같은 위장 부작용이 나타나지 않는 한 1시간마다 복용한다. 급성 통풍을 치료하는 다른 방법은 얼음찜질을 하거나 질병 부위를 고정하고 위치를 높여 주는 것이다. 발을 고정하는 방법은 앞발부 관절의 부담을 줄여 주는 밑창이 단단한 신발이나 수술용 신발을 신는 것에서 발목뿐만 아니라 발의 앞, 가운데, 뒷부분에 위치한 관절을 고정하고 부담을 덜어 주는 보행용 석고붕대를 착용하는 것에 이르기까지 다양하다.

통풍이 장기간 지속되는 경우에는 관절염 발생, 통풍 결절 형성,

표 11.1 **혈중 요산 수치를 높이는 음식**

육류	어류	야채류	기타
간	멸치류	아스파라거스	알코올
가금류	어류 전체	양배추	사탕
(하루 23그램 이상)	(하루 23그램 이상)	완두콩	건조 콩류
붉은 고기	정어리	버섯	(붉은콩, 흰콩,
훈제 육류	조개류	시금치	검은콩, 강낭콩)
			잼/젤리
			설탕 소다
			시럽

표 11.2 **혈중 요산 수치를 낮추는 데 도움이 되는 음식**

과일류	유제품	식이보충제	기타
블랙베리	치즈	셀러리 추출액	커피
블루베리	우유	콘드로이틴 황산염	물
체리/체리주스		비타민 B_5	
보라색 포도		비타민 C	
라즈베리			

신장 질환의 재발을 방지하는 데 도움이 되는 몇 가지의 약물을 사용한다. 알로퓨리놀(allopurinol)은 푸린 대사에 관여하는 효소를 억제함으로써 요산 생성을 줄인다. 프로베니시드(probenicid)는 신장에

의한 요산 제거를 촉진한다. 이 두 가지 약물은 실제로 발작의 중증도를 높일 수 있기 때문에 급성 관절염에는 피하는 것이 좋다.

통풍 환자는 자신의 식단을 살피는 것도 중요하다. 표 11.1에 나열된 혈중 요산 수치를 높이는 음식은 피하고, 요산 수치를 줄이는 데 도움이 되는 표 11.2의 음식을 추가하는 것이 좋다. 250ml 잔으로 하루 8~12회의 물을 마시면서 체내 수분을 유지해야 한다. 과잉 생성된 요산을 배출하고 통풍 위험을 줄이려면 충분히 물을 마시는 것이 중요하다.

수술은 통풍의 치료법이 아니지만 통풍의 결과로 발생하는 문제나 합병증을 치료하기에 적당한 방법일 수도 있다. 예를 들어, 만성 통풍으로 통풍 결절이 형성된 상태에서는 문제 관절을 둘러싼 연조직에 궤양과 염증이 발생하기도 한다. 감염 부위를 절제하고 문제가 있는 궤양 조직과 통풍 결절을 제거하려면 수술이 필요하다.

CHAPTER 12

힘줄
손상

힘줄염 혹은 힘줄이 늘어나거나 심지어 파열된 운동선수에 관한 소식은 흔하게 들려온다. 하지만 그런 상황을 직접 겪지 않고서는 힘줄 손상으로 인한 불편과 심각한 통증을 이해하기 어렵다. 힘줄 손상은 선수와 운동을 하는 사람에게 국한되지는 않지만 특정 스포츠 종사자에게서 비교적 많이 발생한다. 또한 갑작스러운 외상을 입을 수 있는 상황에서 힘줄이 끊어지거나 지나치게 늘어나지 않는 한, 순간적으로 발생하는 일은 드물다. 왜냐하면 힘줄 손상은 나이, 반복된 움직임, 지나친 사용으로 인해 장기간에 걸쳐 발생하기 때문이다. 이 장에서는 힘줄과 힘줄 손상의 범위에 관해 간략하게 소개하고, 세 가지 힘줄 손상의 원인, 증상, 치료에 관해 이야기하려고 한다. 그 세 가지는 종아리뼈 힘줄 손상, 긴 엄지 굽힘근^{장무지굴근건} 힘줄 손상, 아킬레스 힘줄 파열을 말한다. 또 다른 힘줄 손상인 뒤정강 힘줄염(5장)과 아킬레스 힘줄염(9장)은 앞에서 소개한 바 있다.

힘줄은 비교적 탄력이 없지만 섬유 조직으로 이루어진 유연하고 강한 끈으로, 근육을 뼈에 연결해 준다. 밧줄과도 같은 힘줄은 다양한 형태로 짜여진 '콜라겐'이라는 섬유로 이루어져 있고, 힘줄 사이사이에 가닥으로 된 신경과 혈관이 자리 잡고 있다. 힘줄은 뼈나 인대를 감싸거나 뼈와 인접해 있는 곳에서는 집^{싸개}(sheath) 속에 들어가 있다. 이 힘줄집^{건초}은 액체를 생성해서 마찰을 줄일 뿐만 아니라 힘줄이 근육의 수축을 뼈에 전달할 때 쉽게 미끄러지게 한다. 힘줄은 긴장을 견디도록 만들어져 있지만 반복적인 스트레스를 계속 받거나 갑작스럽고 강한 스트레스에 노출되면 손상을 입을 수 있다. 과다 사용, 반복적인 활동, 갑작스러운 사용에 더하여 감염, 외혈관병(콜라겐 섬유를 공급하는 혈관으로 인한 비정상적인 상태), 통풍, 류마티스 관절염, 노화에도 민감하다. 또한 힘줄은 혈액을 비교적 제한적으로 공급받는데, 바로 그런 이유로 손상과 부상에 대한 취약성이 높아진다.

힘줄 손상은 일반적으로 힘줄 윤활막염, 힘줄염, 힘줄병증 등 세 가지 범주로 나뉜다. '힘줄 윤활막염(tenosynovitis)'은 힘줄집이 감염되어 발생하며, 힘줄의 운동과 미끄러짐을 제한하고 통증을 유발한다. 힘줄과 힘줄을 감싸는 힘줄집이 서로 붙어서 두 조직이 비정상적으로 연결되는 경우도 있는데, 이를 '유착(adhesion)'이라고 한다. '힘줄염(tendonitis)'은 힘줄의 손상과 감염으로 발생하는 심각한 상태를 일컬으며, 힘줄을 사용할 때 통증뿐만 아니라 힘줄을 에워싼 부위의 부기와 발열을 유발한다.

'힘줄병증(tendinosis)'은 힘줄을 지속적으로 지나치게 사용할 때 발생하는 만성적인 힘줄 손상을 가리킨다. 이 손상은 힘줄 속과 주위의 콜라겐에 작게 찢어진 조각들이 축적되면서 장기간에 걸쳐 발생한다. 이런 퇴행의 결과로 내부에서 마모되거나 찢어지는 현상이 발생한다면 힘줄은 더 가늘거나 두껍거나 길어질 수 있다. 다른 힘줄 손상과는 달리 힘줄병증은 감염과는 관계가 없다. 따라서 운동선수와 육체노동자 등 매일 똑같은 활동을 반복하는 사람들이 힘줄병증에 가장 걸리기 쉽다. 증상은 경직과 통증이다. 힘줄병증의 통증은 가끔 나타나며 휴식을 취하고 나면 즉시 발생한다. 쉬는 동안 흉터 조직에 형성되기 시작한 작은 섬유들이 걸으면서 찢어지기 때문이다. 관여한 힘줄의 양과 손상의 정도에 따라 가벼운 운동에도 통증이 올 수 있다.

힘줄염과 힘줄병증에 노출된 힘줄은 '섬유모세포(fibroblast)'라고 하는 세포의 도움으로 자가 치유를 시도한다. 이 섬유모세포는 혈관, 신경과 인접해 있으며, 콜라겐 섬유 사이에서 꼬인 형태로 존재한다. 자가 치료가 이루어지는 곳에서 형성되는 흉터 조직은 원래의 힘줄 조직보다 더 약하기 때문에, 힘줄은 더 많이 찢어지거나 제 기능을 잃을 위험이 크다. 힘줄이 완전히 파열하는 경우는 매우 드물지만, 힘줄이 심각한 퇴행을 겪거나 강한 외상 혹은 열상(큰 크기의 찢김)을 입을 때 발생할 수 있다.

「 종아리 힘줄 손상 」

아랫다리에는 두 개의 종아리 힘줄이 있으며, 각각 '짧은 종아리근(peroneus brevis)'과 '긴 종아리근(peroneus longus)'과 맞붙어 있다. 이 힘줄들은 아랫다리의 바깥쪽에서 시작하여 발목뼈 바깥쪽 뒤로 돌아나간다. 그리고 여기서 연골로 덮인 고랑 속으로 들어가 '종아리근 지지띠(peroneal retinaculum)'라고 하는 강한 인대에 의해 고정되어 있다. 이 지점부터 짧은 종아리근은 뒷발부 바깥쪽을 따라 이어지다가 중발부 속으로 들어간다. 그리고 발을 위쪽과 바깥쪽으로 들어올릴 때 사용된다.

긴 종아리근은 중발부까지는 짧은 종아리근과 같은 경로를 따라가다가 발바닥과 수평으로 이어진 다음 아치 속으로 들어간다. 이 근육은 아치를 고정하는 역할을 한다. 힘줄들이 발꿈치뼈 바깥을 따라 이어지는 지점에 도달하면 '종아리뼈 결절(peroneal tubercle)'이라는 작은 뼈 조각 하나가 튀어나와 있다. 힘줄들은 이 뼈의 위와 아래로 갈라진다. 종아리뼈 결절은 해부학상으로 정상적인 부위에 해당하지만, 간혹 개인에 따라 크기가 비교적 커서 힘줄 자극의 원인이 되기도 한다.

종아리 힘줄은 발목뼈 바깥쪽의 뒤와 아래에서 가장 자주 손상을 입는다. 이곳은 혈관이 거의 없으며, 힘줄들이 발 내부로 이어지기 전에 방향을 바꾸면서 뼈와 직접적인 마찰을 일으키는 부위이다. 힘줄들을 고정하는 인대의 손상 역시 이들 힘줄이 발목 뒤의 고랑에서 부분적으로 빠져나오게 만드는 원인이 된다. 짧은 종아리근이 중발부로 들어가는 지점도 종아리 힘줄이 손상을 자주입는 곳이다. 이런 부상은 선천적으로 다섯째 발허리뼈의 기저가 중발부 바깥쪽에서 돌출한 발 구조를 가진 사람에게 흔히 발생한다. 발허리뼈 모음(앞발부가 뒷발부에 비해 안쪽으로 돌아간 상태) 역시 다섯째 발허리뼈 기저의 비정상적인 돌출을 유발한다(그림 4.6).

종아리 힘줄 손상의 원인은 수없이 많다. 노화가 진행되면서 힘줄은 이미 줄어들던 탄성을 잃고 손상에 더 민감해진다. 발목에서 위로 들기 힘든 발, 아치가 높은 발, 편평발의 바깥쪽으로 돌아간 자세(5장) 등 특정한 발의 유형과 자세는 종아리 힘줄에 긴장을 더할 수 있다. 하이탑 슈즈와 부츠, 스케이트화같이 잘 맞지 않는 신발은 힘줄에 직접적인 압박을 가해 손상을 유발한다. 발목 바깥쪽 인대가 헐거워져 발목이 불안정해지면, 발목 긴장이 높아져 종아리근 지지띠가 찢어질 확률이 커진다. 걷기, 달리기, 그리고 하루종일 서 있거나, 특히 기어오르고 밀고 당기고 쪼그리고 앉는 것처럼 반복적인 자세가 필요한 일을 하면 힘줄이 마모되고 찢어지게 된다. 염증성 관절염은 질환 진행 과정에서 힘줄 감염을 유발하며, 기형 관절이나 이로 인한 뼈 돌기 역시 주위의 힘줄에 마찰, 퇴행, 감염을 일으킨다. 간혹 발목뼈 뒤 종아리 힘줄이 지나가는 고랑이 편평하거나 볼록한 사람이 있는가 하면, 추가적인 힘줄이나 아래로 내려온 근육이 고랑의 공간을 차지하고 있는 사람도 있다. 이 가운데 어느 경우든 종아리뼈 힘줄은 고랑에서 벗어나 부드러운 연골이 없는 발목뼈 바깥쪽과 마찰을 일으키고, 결국 손상을 입는다.

힘줄 손상의 증상은 대개 발목뼈 바깥쪽을 따라 발생하며, 통증, 부기, 발열, 경직, 딱딱 소리가 나는 느낌 등이 복합적으로 나타난다. 힘줄 사용으로 인한 통증 혹은 휴식 뒤 통증과 경직이 올 수 있다. 힘줄병증의 경우에는 힘줄 약화가 동반되어 발을 위와 바깥쪽으로 움직이기 어렵거나, 강한 힘줄이 약한 종아리 힘줄을 제압하면서 발이 안쪽으로 돌아간^{내번} 자세로 고정되기도 한다.

족부 전문의는 대체로 발목과 발에 대한 진찰만으로도 종아리 힘줄 손상을 진단할 수 있다. 발목 바깥쪽에 힘줄이 있는 부위를 누르면 환자가 통증을 호소하기 때문이다. 발을 위와 바깥쪽으로 움직이는 것도 고통스럽기는 마찬가지다. 이 동작을 처음에는 환자 혼자서, 다음에는 의사가 발을 눌러 고정한 뒤에 반복하며 살펴보기도 한다. 손상을 짐작할 수 있는 또 다른 지표는 힘줄이 발목 바깥쪽 뒤의 고랑에서 이동한 상황이다. 족부 전문의는 발목을 움직여 보고 운동 범위로 상태를 파악할 수 있다. 필요하면 뼈 손상과 발목 불안정성을 확인하기 위해 X선을, 힘줄 손상뿐만 아니라 연관된 뼈와 연조직의 손상 범위와 위치를 측정하기 위해 MRI를 찍는다. 힘줄을 검사하기 위해 초음파를 사용하기도 한다. 족부 전문의는 힘줄 약화를 확인하고 나면 신경 포착 증후군(10장)도 있는지 판단하기 위해 신경 전도 검사와 근 전도 검사를 권할 수 있다.

종아리 힘줄 손상의 치료는 증상을 조절하고 개선하며, 기능을 회복하게 하는 것을 목표로 한다. 모든 힘줄 손상의 초기 치료는 휴식, 영향을 받은 부위의 위치 상승, 얼음찜질, 비스테로이드성 소염제 등을 복합적으로 활용하는 것이다. 발과 발목을 보호하고 힘줄 치유를 돕기 위해 고정한다. 이 치료법은 다양한 방식으로 이루어질 수 있다. 증상이 가벼울 때는 빼고 끼울 수 있는 발목 고정기를, 중증의 힘줄병증인 경우에는 아랫다리에 석고붕대를 착용한다. 이런 치료가 증상 해결에 도움이 되면 균형, 안정성, 근력 개선을 위해 물리요법으로 치료를 계속하면 된다. 맞춤 교정기를 착용하면 비정상적인 발의 자세를 바로잡아 주기 때문에 힘줄 손상 재발을 막을 수 있다.

이런 치료에 반응이 없을 때는 수술을 고려한다. 교정과 복원 수술의 유형은 힘줄과 힘줄집이 손상된 범위, 개입된 주변 연조직 구조와 뼈의 범위에 따라 다르다. 힘줄 윤활막염의 경우에는 감염된 윤활막 조직을 제거하고 필요한 뼈 수술을 시행한다. 힘줄염과 힘줄병증의 수술은 손상 범위에 따라 달라지며 손상된 힘줄 부위를 제거하고 힘줄과 주변 인대를 보수하는 방법으로 진행될 수 있다. 가끔 발의 다른 부위에서 혈관이나 힘줄을 떼어내 손상된 힘줄을 보강하기도 한다. 고랑이 볼록하여 힘줄이 제 위치를 벗어난 경우에는 발목 바깥쪽 부위를 깎아 고랑을 파낸다. 아치가 높은 발을 가지고 있거나 발의 자세가 힘줄 손상의 원인이 된다면 이 문제 역시 수술로 바로잡을 수 있다.

보존 치료나 수술로 힘줄 손상을 치료하려면 몇 주에서 몇 달이 걸린다. 수술 후에는 무릎 아래에 석고붕대나 CAM 워커를 착용하고, 이 상태로 4~6주 동안 발을 고정해야 한다. 그런 다음 보행용 석고붕대를 착용하여 '보호된 체중 부하' 상태를 2~4주 더 유지한다. 그러고는 맞춤 교정기나 끈으로 묶는 발목 고정기 혹은 이상적으로는 이 둘을 결합한 지지용 신발을 신는다. 운동선수들에게는 훈련에 복귀할 때 발목 고정기를 착용하도록 권하지만, 일반 환자는 3~6개월 더 착용하도록 한다. 힘줄 손상은 재발 가능성이 있지만 고정기나 교정기를 사용함으로써 그 확률을 최소화할 수 있다. 일반적으로 힘줄염과 힘줄병증을 앓은 힘줄은 치료 후에 더 약해지기는 하지만 뚜렷한 차이는 없다. 그러나 완전히 파열되었다가 치료된 힘줄은 크게 약해질 수 있다.

「 무용수의 힘줄염 : 긴 엄지 굽힘근 」

'무용수의 힘줄염'은 특히 발레 무용수에게서 흔히 나타나는 손상을 가리킨다. 물론 다른 사람들도 이 손상을 입는데, 이것을 '긴 엄지 굽힘근 힘줄(flexor hallucis longus tendon)' 손상이라고 한다. 이 힘줄은 아랫다리에 위치하며, 발을 아래쪽으로 움직여 (발바닥쪽 굽힘) 발목의 안정을 돕는다. 또한 보행 주기의 발로 바닥을 밀어내는 과정에서 엄지발가락을 아래로 굽혀 힘을 실어 준다. 이 힘줄은 아랫다리 뒤쪽에서 아래로 내려오는 긴 엄지 굽힘근이라는 근육에 붙어 있으며, 발목 뒤에서 시작하여 섬유 조직과 뼈로 이루어진 세 개의 굴을 지나 엄지발가락에 닿는다.

이 세 개의 굴은 힘줄이 가장 많이 손상되는 부위와 관련이 있다. 첫 번째 굴은 발목뼈^{목말뼈} 바로 뒤에 있으며, 여기서 결절이라고 하는 돌출된 뼈 두 개가 힘줄을 가두고 인대 하나가 그것을 고정한다. 두 번째 굴은 발목뼈 속에 있는데(발목굴. 10장 참조), 여기서 힘줄은 또 다른 결절 아래로 이어진다. 세 번째 굴은 엄지발가락 관절 아래에 위치하며, 여기서 힘줄은 종자뼈라는 두 개의 작은 뼈 아래와 사이에 놓인다. 그런 다음 마지막으로 엄지발가락 끝으로 들어간다.

엄지 굽힘근 힘줄의 손상은 앞서 소개한 세 가지 범주인 힘줄윤활막염('말고삐 변형'이라고도 부른다), 힘줄염, 힘줄병증으로 나뉜다. 이 힘줄에 발생하는 손상은 활동적인 사람들에게서 주로 찾아볼 수 있다. 특히 힘줄이 신체적인 한계를 넘은 수준까지 늘어나는 '발끝으로 서는' 자세에 익숙한 발레 무용수에게 흔하다. 앞발부의 반복적인 '밀기' 동작이 필요한 육상, 미식축구, 축구, 테니스 같은 운동 역시 힘줄 손상을 일으킨다. 그 외의 원인으로 선천적으로 낮은 위치를 차지하는 근육이나 힘줄을 누르는 연조직 덩이가 있다.

이들은 힘줄이 놓인 굴 속 공간을 차지하여 힘줄을 굴 속의 정상적인 위치에서 벗어나 자극에 노출시킨다. 힘줄 자체와 주의의 뼈 조직에 대한 외상 역시 힘줄의 기능 장애를 부른다. 지나치게 편평한 발(지나친 회내), 당뇨병, 류마티스 관절염을 앓는 사람들은 엄지 굽힘근 힘줄로 인한 문제를 겪을 위험이 훨씬 더 크다.

증상은 발목 통증(뒤쪽과 내부 모두)과 부기로 나타난다. 발의 아치에서 따끔거리는 느낌이 들고 발목이나 엄지발가락을 굽힐 때 통증이 올 수 있다. 엄지발가락의 운동 범위가 줄어드는 증상도 흔하게 나타난다. 엄지발가락을 펴려고 할 때는 발가락에서 딱딱거리는 소리가 나고 흔히 활동을 하면 통증이 심해지고 쉬면 줄어든다.

족부 전문의는 긴 엄지 굽힘근 힘줄의 손상을 진단하기 위해 진찰과 더불어 X선이나 MRI를 찍도록 권유한다. X선은 골절, 종양, 세모뼈(다음 쪽의 글상자 참조)의 존재를 확인하기 위해 쓰인다. 환자가 발레 무용수라면 의사는 무용수가 발끝으로 서는 자세에서 X선을 찍도록 할 수도 있다. MRI는 힘줄과 힘줄집뿐만 아니라 연관된 연조직 덩이를 찾아낸다.

손상된 긴 엄지 굽힘근 힘줄의 치료는 초기에는 휴식, 비스테로이드성 소염제, 가벼운 스트레칭으로 손상된 힘줄로 가는 혈류를 늘리는 것이다. 스트레칭을 할 때는 두 다리를 최대한 벌리고 침대에 앉아 발꿈치만 가장자리 밖으로 내려놓는다. 이 상태에서 발을 발가락 쪽으로 민 다음 엄지발가락을 위로 향하게 하는데, 이 자세를 5초 동안 유지한다. 여기에 덧붙여 발바닥 근막염의 경우에 추천하는 스트레칭이 도움이 될 수 있다(163쪽의 글상자 참고). 맞춤 교정기, 발목 고정기, 끈은 감염된 힘줄집이 받는 자극을 덜어 준다. 심하게 닳은 신발을 피하고, 특히 무용수는 딱딱한 바닥에서 춤을 추는 것을 삼가야 한다(힘줄이 치유되면 발레 무용수는 '발끝으로 서기' 자세를 다시 할 수 있다). 마사지나 초음파로 치료를 하는 물리요법도 효과적이다. 스테로이드 주사는 힘줄이 더 약화될 우려가 있으므로 대체로 피한다. 손상이 엄지발가락 밑에서 발생했다면 끈으로 엄지

과잉 생성된 뼈 : 발 세모뼈 증후군

발 세모뼈는 발목 뒤쪽에 있는 작은 뼈로, 발 세모뼈 증후군은 인구 중 낮은 비율(15퍼센트 이하)로 발생한다. 긴 엄지 굽힘근 힘줄은 이 발 세모뼈 바로 옆을 지난다.

이 증후군은 뼈 주위의 인대, 발 세모뼈를 발목뼈에 연결하는 섬유 조직 혹은 발목 관절 자체에 염증이 생기면서 나타난다. 주로 발목을 아래로 굽히는^{발바닥 굽힘} 활동을 많이 하는 사람들에게서 찾아볼 수 있다. 그런 자세는 발목과 발꿈치뼈 사이에 있는 발세모뼈를 압박한다. 발 세모뼈 증후군의 증상은 발목 뒤쪽의 통증과 부기이다.

이 증상은 휴식, 얼음찜질, 가능하면 발 고정 등 힘줄 손상과 같은 방식으로 치료한다. 비스테로이드성 소염제와 코르티손 주사 역시 활용할 수 있다. 보존 치료로 증상을 해결할 수 없다면 이 뼈를 제거하는 수술도 고려할 수 있다. 발 세모뼈 증후군은 긴 엄지 굽힘근 힘줄의 손상과 동시에 혹은 독립적으로 발생할 수 있다.

발가락을 고정하여 힘줄에 가해지는 긴장을 줄인다. 이런 보존 치료법이 효과가 없다면 신체 활동을 모두 중단하고 4~6주 동안 발을 고정해야 한다.

보존 치료로 증상이 개선되지 않을 때는 수술을 고려한다. 수술 과정으로는 손상된 힘줄 부위를 제거하고, 가능한 상황이면 힘줄을 복구하고, 힘줄집 내부의 유착을 풀어 주며, 발목과 엄지발가락 사이의 굴 속을 지나는 힘줄을 침해하는 연조직이나 세모뼈 같은 뼈 구조를 잘라내는 방법 등이 있다. 수술 후에는 섬유유리로 된 무릎 하부 석고붕대나 CAM 워커를 착용하고 4~6주 동안 발을 고정한 뒤에 보호된 체중 부하 과정으로 옮겨간다. 일반 신발을 다시 신을 때는 교정기를 착용하면 도움이 된다. 무용수와 운동선수도 힘줄을 복구하거나 재건하는 중요한 수술을 받은 뒤에 무용이나 운동을 다시 할 때 고정기를 이용하는 것이 좋다. 한번 힘줄이 손상되면 다시 손상을 입기 쉽다. 교정기나 고정기를 착용하면 재발을 막는 데 도움이 된다.

「 아킬레스 힘줄 파열 」

아킬레스 힘줄은 장딴지 근육을 뒤꿈치뼈에 연결하는 크고 강하고 밧줄 같은 끈이다. 장딴지 근육이 수축하면 아킬레스 힘줄은 발목을 굽혀 발을 아래쪽으로 향하게 한다(발바닥쪽 굽힘). 그러면 우리는 발가락을 딛고 서서 뛰고 점프하고 기어오르는 동작을 할 수 있게 된다. 아킬레스 힘줄이 뒤꿈치뼈로 들어가는 지점에서 약 4~6센티미터 상부는 특히 혈액 공급이 빈약하기 때문에 힘줄 손상과 파열이 가장 빈번하게 일어나는 곳이다. 힘줄은 파열되면 부분적으로 혹은 완전히 찢어진다. 부분 파열은 힘줄 섬유 일부가 찢어지고 나머지는 손상되지 않은 상태를 말한다. 마치 몇 가닥만 남겨두고 풀어헤쳐진 밧줄의 형상과 같다.

아킬레스 힘줄이 파열될 가능성은 나이가 들수록 증가한다. 힘줄을 계속 사용하는 동안 한정된 탄성이 차츰 줄어들기 때문이다. 아킬레스 힘줄 파열은 당뇨병이나 류마티스 관절염을 앓는 사람에게 더 자주 발생한다. 또한 코르티코스테로이드, 플루오로퀴놀론계 항생제(시프로플록사신, 아벨록스 등)을 포함한 약물도 위험성을 높인다. 선천적이든 후천적이든 장딴지 근육이 팽팽하거나 약한 사람과 아킬레스 힘줄 손상 병력이 있는 사람은 파열 가능성이 더 크다. 그러나 운동에 종사하는 사람의 아킬레스 힘줄 파열 빈도가 더 높다. 운동선수들의 경우, 훈련 방식을 갑자기 바꾸거나 운동 중에 순간적인 점프, 회전, 달리기 동작이 필요하다면 훨씬 위험하다. 특히 훈련이 부족한 선수나 '아마추어 선수'가 더 위험하지만, 아킬레스 힘줄 파열은 잘 훈련된 전문 선수에게도 발생할 수 있다. 사실상 이 힘줄의 파열은 발의 갑작스럽고 강한 아래쪽 굽힘^{발바닥쪽 굽힘}이나 직접적인 외상에 의해 발생한다.

아킬레스 힘줄이 파열되면 발목 뒷부분에서 무엇이 터지는 느낌이 들거나 '툭' 하는 소리를 들을 수도 있다. 마치 발목 뒷부분을 누가 발로 차거나 야구 방망이로 때리는 것 같은 기분이 든다. 그 부위가 갑자기 심하게 아프고 멍 자국과 함께 부풀어오른다. 파열 지점에 틈이 생기거나 움푹 들어간 느낌이 나기도 한다. 힘줄이 파열돼도 걷고 발목을 굽히고 발을 아래쪽으로 움직일 수는 있다. 발의 발바닥 굽힘근을 지지하는 다른 힘줄들은 손상을 입지 않고 남아 있기 때문이다. 그러나 아킬레스 힘줄이 파열되면 발가락으로 바닥을 딛고 일어서는 것은 불가능해진다. 대부분의 사람들이 파열 후에 한 다리로 걸을 수 있는데, 물론 걷지 않는 것이 바람직하다. 아킬레스 힘줄이 파열된 것 같은 느낌이 들면 곧바로 전문의의 치료를 받아야 한다. 힘줄 이식법이나 인공 힘줄을 이용해야 하는 상황을 피하려면 손상을 입은 지 1~2일 안에 수술을 해서 바로잡는 것이 최선이다.

족부 전문의는 진찰을 통해 아킬레스 힘줄 파열을 진단한다. 가장 흔한 검사는 환자가 배를 바닥에 대고 누워 있는 동안 의사가 장딴지 근육을 눌러 보는 방법이다. 이때 아킬레스 힘줄이 손상을 입지 않았다면 발을 아래쪽으로 움직일 수 있지만 힘줄이 파열되었다면 발을 전혀 움직일 수 없다. 힘줄이 들어가는 부위의 뒤꿈치 골절이나 뒤꿈치의 뼈 돌기 형성처럼 동반된 뼈 손상은 X선으로 확인할 수 있다. 파열의 위치나 범위가 의심스러울 때는 MRI를 찍는다.

아킬레스 힘줄 파열을 치료하기 위해 권장하는 방법은 환자의 활동 정도에 따라 달라진다. 직업 운동선수와 매우 활동적인 사람의 경우에는 일반적으로 곧바로 힘줄을 도로 꿰매거나 봉합하는 수술을 받는 것이 좋다. 수술 후에는 4~6주 동안 발을 고정한 뒤에 보행용 석고붕대를 착용하고 2~4주 더 보호된 체중 부하 기간으로 서서히 옮겨간다. 그 반면에 비교적 활동적이지 않은 사람의 경우에는 보존 치료를 가장 먼저 시작한다. 이때, 발을 고정한 채 6주 동안 안정해야 하며, 이후 2~4주 동안 보호된 체중 부하 기간을 거친다.

수술이든 고정을 하는 보존 치료든 2~4주 동안 보호된 보행과 더불어 물리요법을 시작할 수 있다. 물리요법은 힘줄 강화와 스트레칭을 통해 발목의 운동 범위를 늘리고 발과 발목의 위치를 느끼게 하는 '자기감각수용기'를 되찾게 해 준다. 발의 위치는 자기감각수용기를 통해 뇌에 전달되지만 아킬레스 힘줄이 파열되면 신경 통로를 따라 이동하는 신호들이 늦어지거나 줄어든다. 대부분의 비교 연구에 따르면, 수술로 복구된 힘줄과 보존적으로 관리한 힘줄은 그 기능과 힘에서 비슷한 결과를 보여 주었다. 유일한 차이라면 수술보다 발을 고정하는 과정을 경험한 환자의 파열 재발률이 더 높다는 점이다.

아킬레스 힘줄 파열이 치료되지 않거나 충분히 치료되지 않는다면 여러 가지 문제가 따를 수 있다. 걸을 때 발가락을 떼는 단계에서 발이 바닥을 충분히 밀어내지 못하는 '비추진성 보행(apropulsive gait)'으로 이어진다. 또한 발가락을 위로 올리는 동작을 하기가 어렵거나 불가능할 수 있다. 시간이 지나 발가락이 위축되어 망치발가락으로 변형되는 경우도 있다. 발가락 굽힘근이 정상인 경우보다 더 오래, 더 많이 사용되어 소실된 아킬레스 힘줄의 역할을 대신하기 때문이다.

당뇨병은 인체의 혈액순환에 영향을 준다. 따라서 신경과 조직에 충분한 혈액이 공급되지 않는다. 특히 신체의 끝 부분인 팔다리의 신경과 조직은 더 심각하다. 손상된 신경은 다리와 발의 감각을 떨어뜨리고 피부 손상의 위험을 높인다. 게다가 신경과 조직의 손상은 시간이 흐르는 동안 발의 모양과 기능에 변화를 줄 수도 있다.

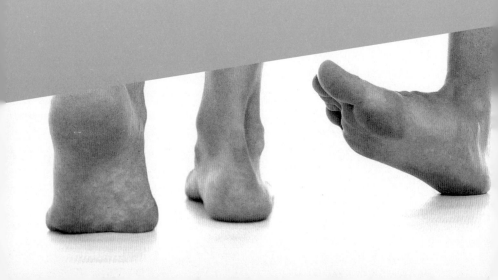

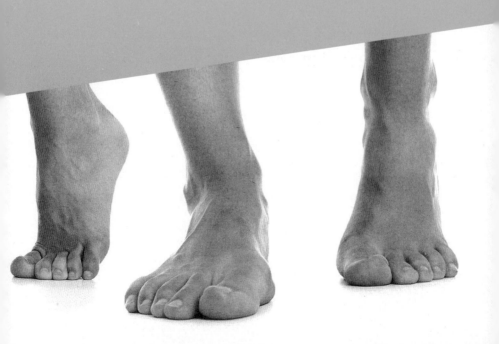

특별한 발 문제를 가진 사람들

CHAPTER 13

아동기의
발 문제

부모라면 누구나 자녀가 건강하기를 바란다. 병원을 주기적으로 다녀야 하는 병에 걸려서 고생하는 일 없이 잘 자라주었으면 하는 것이다. 하지만 원하는 것을 모두 가질 수는 없는 일이다. 어린이의 질병이나 건강상의 문제는 아이와 부모를 비롯한 가족 구성원 모두에게 스트레스로 다가온다. 다행히 아동기의 발과 발목 문제는 아이가 자라는 동안 대부분 치료할 수 있어서, 결국은 통증 없이 정상적으로 기능하는 발을 갖게 된다. 치료가 항상 성공적이지는 않지만 가능한 한 빨리 자녀를 의사에게 데리고 가는 것이 중요하다. 간혹 장기간에 걸쳐 합병증을 유발하는 발과 발목의 문제가 있기 때문이다. 이 장에서는 아동기에 흔하게 발생하는 발 질환, 발생 원인, 치료 방법에 관해 이야기하려고 한다. 아동기에 시작했다가 나중에 혹은 성인이 되어 문제를 일으키는 상태도 있으므로 이 장에서 성인의 치료법도 아울러 다룰 것이다.

「 안으로 돌아가는 발 : 안짱다리 」

어린이의 발이 걷거나 뛸 때 안쪽으로 돌아가면 이런 발의 자세를 '안짱다리(in-toeing)' 혹은 '비둘기 발'이라고 한다. 그 반대의 자세인 밭장다리의 경우뿐만 아니라 대부분의 안짱다리는 정상적인 발달의 변이에 불과한 것으로 여겨진다. 그래서 아이가 자라는 동안 자연스럽게 고쳐진다고 본다. 두 발 모두가 혹은 어느 한 발만 안으로(혹은 밖으로) 돌아간 아이도 있다. 안짱다리의 주요한 원인으로는 다음 세 가지를 꼽을 수 있다. 즉 발허리뼈 모음(안쪽 돌림^{내전}. C자 형태의 발), 정강쪽 비틀림(아랫다리뼈인 정강뼈의 비틀림), 넙다리 돌림(넙다리뼈가 안쪽으로 돌아간 상태)이다.

발허리뼈 모음

흔히 출생 때 확인할 수 있는 '발허리뼈 모음(metatarsus adductus)'은 발의 앞쪽 절반에 해당하는 부위만이 안쪽으로 돌아간 상태를 일컫는다. 그림 13.1에서 보는 것처럼, 이 발은 안쪽은 오목하고 바깥쪽은 볼록한 C자 모양이다. 발허리뼈가 내전된 발이 힘이 없고 유연한 경우에는 발을 손으로 곧게 펼 수 있다. 반쯤 뻣뻣한 발은 일부만 펼 수 있고, 유연성이 전혀 없는 발은 손으로 곧게 펼 수 없다. 발허리뼈 모음은 출생 시에 흔하게 볼 수 있는 상태이며, 남아, 여아 구분 없이 신생아 천 명 당 한 명꼴로 발생한다. 자궁 속 태아의 자세로 인해 왼발이 더 빈번하게 영향을 받는다. 발허리뼈가 내전된 상태로 태어나는 아이가 엉덩이 형성이상증(비정상적인 엉덩이 구조)도 가지고 있는 경우도 가끔 있다.

발허리뼈 모음의 원인으로는 자궁 속 태아의 자세, 기형과 관련된 가족력, 유아의 수면 자세(배를 바닥에 대고 발을 안쪽으로 돌리고 자는 자세), 발 근육의 비정상적인 위치나 근육 경직성 등이 있다. 족부 전문의는 진찰로 아이의 발을 진단하고, 간혹 X선으로 중증도와 발 뼈의 위치를 확인한다. 앞으로 설명할 정강쪽 비틀림과 넙다리 돌림, 5장에서 소개한 편평발 등의 발과 아랫다리 문제가 발허리뼈 모음과 함께 발생하는 경우가 꽤 많다.

발허리뼈 모음의 치료는 제 기능을 하는 곧은 발을 만드는 것을

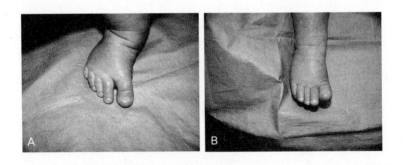

그림 13.1 **발허리뼈 모음**^{내전}이란 C자형 발 상태를 말한다. 이 아이는 기형을 바로 잡기 위해 몇 달 동안 발과 다리에 석고붕대를 착용했다.

목표로 한다. 치료 방법은 어린이의 나이와 병력, 상태의 중증도, 발의 유연성에 따라 달라진다. 유연한 발허리뼈의 모음은 매일 반복하는 스트레칭과 처치에 잘 반응한다. 엄지발가락 관절 부위에서 발 내부를 향해 누르는 가운데, 뒤꿈치를 수직으로 유지한 상태에서 중발부와 뒤꿈치 바깥쪽에 반대 압력을 가한다. 또, 어린이가 배를 바닥에 대고 잠을 자는 자세를 피해야 한다. 조금 더 뻣뻣한 발허리뼈 모음의 경우라면 발과 아랫다리에 석고붕대를 착용하는 것이 좋다. 석고붕대는 3~8개월 정도의 유아에게 가장 효과적이다. 6~12주 동안 1~2주마다 석고붕대를 제거하고 재착용하게 한다. 석고붕대를 하는 목적은 앞발부가 안쪽으로 돌아가는 현상을 점차 줄이고 동시에 뒤꿈치를 곧게 유지하여 뒷발부의 기형 발생을 막는 것이다. 과거에는 강직한 발허리뼈 모음을 치료하기 위해 고정기와 특수 신발을 맨 먼저 사용했다. 하지만 이 장치들은 적절한 사용 범위를 벗어나면 피부 자극, 아치 파괴 혹은 뒷발부 바깥굽음 등 다른 발 문제를 유발할 수 있기 때문에 차츰 쓰이지 않게 되었다. 그러나 정확한 발 자세를 유지하도록 석고붕대를 사용한 후에 고정기를 착용할 것을 권하는 의사들도 여전히 있다.

어린이는 석고붕대를 벗고 나면 직선골(바닥이 뒤꿈치의 중간부터 발끝의 중간 부분까지 그은 선을 중심으로 좌우가 대칭을 이루는 신발의 형태), 오픈토(발가락 부분이 드러나는 형태), 하이탑 디자인을 적용하여 특수 제작한 옥스퍼드화(그림 13.2)를 신을 수 있다. 여기에 첫째 발허리뼈 안쪽에 패드를 부착하고, 신발 바깥쪽 입방뼈 위에도 반대 압력을 가하는 패드를 넣는다. 아치 패드와 뒤꿈치 안쪽의 패드 역시 교정된 자세를 유지하고 아치가 무너지지 않도록 보호하는 역할을 한다.

어린이의 발허리뼈 모음이 보존 치료에 반응하지 않는다면 수술 치료를 고려할 수 있다. 그러나 아이가 적어도 두 살이 될 때까지는 수술을 해서는 안 된다. 발허리뼈 모음을 바로잡기 위해 수술적인 절차가 필요하다면 외과의사가 같은 사례의 경험을 갖고 있는지 알아보기 바란다. 수술은 관련 분야에 전문 지식이 있는 의사에게 받아야 한다. 적절한 수술 절차는 어린이의 연령, 기형의 중증도, 정강쪽 비틀림과 넙다리 돌림 같은 다른 상태의 존재 유무에 따라 달라진다.

어린이가 아직 여섯 살이 안 되었다면 일반적으로 중발부의 팽팽한 근육이나 인대 주변의 연조직을 박리하는 수술을 한다. 연령이 그 이상인 어린이의 경우에는 수술 과정에 뼈도 포함된다. 수술은 앞발부의 발허리뼈나 중발부의 쐐기뼈와 입방뼈를 절개하는 것으로, 독립적이거나 복합적인 절차로 이루어진다. 발을 곧게 펴기 위해 뼈에서 삼각형의 쐐기 모양을 제거하거나 삼각형의 뼈를 이식한다. 연조직을 박리하거나 뼈를 절개하거나 수술 절차가 끝나면 6~12주 동안 석고붕대를 착용해야 하며 발에 하중을 실어서는 안 된다. 석고붕대를 제거하면 발에 조금씩 하중을 싣는 연습을 위해 2~4주 동안 보호 부츠를 신는다. 마지막으로 지지용 신발과 맞춤 교정기를 착용한다. 발허리뼈 모음은 아이가 걷기 시작하면 가끔 재발한다. 하지만 그런 경우는 비교적 적고 신발 내부 개

그림 13.2 발허리뼈 모음을 교정하고 난 뒤에는 직선골, 하이탑, 발가락 부분이 노출된 오픈토 형태의 옥스퍼드화를 신는다. 아치를 보존하고 교정 자세를 유지하기 위해 신발 내부에 펠트 소재 패드를 덧대어 놓았다.

조와 스트레칭으로 치료할 수 있다.

　간혹 발허리뼈 모음을 바로잡는답시고 아이의 신발을 반대로 신게 하는 부모도 있다. 왼쪽 신발을 오른발에, 오른쪽 신발을 왼발에 신게 하는 것이다. 이것은 좋은 방법이 아니다. 이런 극적이고 갑작스런 변화가 아치를 무너뜨리고 추가적인 기형을 유발할 수도 있다.

정강뼈 안쪽 비틀림

아랫다리에는 두 개의 뼈가 있다. 바로 종아리뼈^{비골}와 정강뼈^경^골이다. 가끔 정강뼈가 안쪽으로 비틀리는데, 이를 '정강뼈 안쪽 비틀림(internal tibial torsion)'이라고 한다. 출생 당시 정강뼈는 비틀림이 없다. 그러다 출생 후에 점점 바깥쪽으로 비틀려 곧은 아랫다리를 만든다. 그러나 가끔 바깥쪽 비틀림이 정상적으로 진행되지 않고 다리와 발이 안쪽으로 돌아간 상태를 그대로 유지한다. 부모는 대체로 자녀가 걷기 시작할 때가 되면 발이 안으로 돌아가 있는 것을 맨 먼저 발견한다. 어린이는 안짱다리가 매우 심각한 것처럼 보인다. 족부 전문의는 아이의 발과 다리를 살펴보고 관절의 운동범위, 정강뼈나 종아리뼈 혹은 둘 다 비틀렸는지, 다리 길이의 차이가 있는지 측정한다. 그리고 비타민 D 결핍증이나 뼈 대사장애와 관련된 가족력이 있는지 질문할 수도 있다. 또한 어린이는 완전한 신경학적 검사를 받기도 한다. 다리가 다른 방향으로 돌아가는 현상이 뇌성마비와 척추갈림증 같은 신경근육 질환과 함께 발생할 수도 있기 때문이다.

정강뼈 안쪽 비틀림 상태는 대부분 시간이 지나고 어린이가 4~6살쯤 되면 저절로 나아진다. 드물게 해결되지 않는 경우도 있다. 하지만 대부분의 아이들은 문제없이 활동하며, 정강쪽 비틀림이 있었다고 해서 발에 제약이나 변화가 있는 것도 아니다. 안짱다리는 어린이가 걷거나 뛰거나 놀거나 정상적으로 활동하는 능력에 영향을 주지 않는다. 아이의 상태가 심각하면 특히 뛸 때 발을 헛디디는 일이 많다. 흔드는 단계의 발이 서 있는 다리를 건드리기 때문이다. 만약 정강뼈 안쪽 비틀림이 6~8살이 될 때까지 좋아지지 않는 데다 아이가 통증을 느끼고 정상적인 활동을 하지 못하는 상황이면, 정강뼈를 절단하여 다리를 바깥쪽으로 돌리는 수술이 필요할 수도 있다.

넙다리 안쪽 돌림

출생 시에는 대퇴골이라고 불리는 넙다리뼈가 안쪽으로 돌아가고, 엉덩이 관절이 바깥으로 돌아가 있다. 아기가 처음 몇 년에 걸쳐 자라는 동안 넙다리는 바깥쪽으로 돌고 엉덩이 관절은 안쪽으로 돌아 윗다리가 곧게 펴진다. 이런 과정이 외상, 엉덩이 형성 이상, 헐거운 인대 혹은 약한 근육 등으로 문제가 생기면 넙다리가 안쪽으로 돌면서 다리 전체가 안쪽을 향하는 모습을 띠는데, 이런 상태를 '넙다리 안쪽 돌림(internal femoral rotation)' 혹은 '앞돌림(anteversion)'이라고 한다. 이 상태는 위에서 설명한 정강쪽 비틀림과는 조금 다르다. 뼈 자체가 비틀린다고(뒤틀림) 하기보다는 넙다리뼈의 자세가 돌아가는 것이기 때문이다. 넙다리 안쪽 돌림 상태를 가진 어린이는 무릎뼈가 마주 본다. 이런 어린이들은 흔히 무릎을 꿇고 앉을 때 아랫다리가 무릎 아래에 놓이고 발이 안쪽으로 돌아가 있다(W자 자세 혹은 책상다리의 반대 자세).

족부 전문의는 정강뼈 안쪽 비틀림 상태와 마찬가지로 어린이를 진찰해서 넙다리 안쪽 돌림을 진단한다. 이런 상태의 어린이는 대부분 치료가 필요하지 않다. 어린이가 6~8세 정도 되면 저절로 바로잡히기 때문이다. 자녀가 넙다리 안쪽 돌림으로 진단을 받았다고 하더라도 상태가 호전되는 동안 정상적으로 활동할 수 있고 신체적인 제약도 느끼지 않는다. 넙다리 안쪽 돌림이 있는 어린이는 세발자전거, 스케이트, 인라인 스케이트, 발레 등 엉덩이를 바깥쪽으로 돌려주는 활동을 하면 좋다. 또한 부모나 다른 양육자는 아이가 W자 자세로 앉지 말고 책상다리 자세(다리를 포개는 자세)로 앉도록 지도해야 한다. 드물게는 심각한 기형도 발생한다. 엉덩이나 무릎에 통증이 있고 특히 무릎을 움직일 때 무릎뼈가 제대로 기능을 하지 않으면(무릎뼈 주행 장애) 넙다리뼈를 잘라 돌리는 수술도 고려해야 한다.

「 바깥으로 돌아간 발 : 밭장다리 」

어린이의 발이 걷거나 뛸 때 바깥으로 돌아간다면 이런 발의 자세를 '밭장다리(out-toeing)'라고 한다. 밭장다리는 정강뼈나 넙다리뼈가 바깥쪽으로 비틀리거나 엉덩이의 정상적인 안쪽 돌림이 지연될 때 발생한다. 밭장다리는 안짱다리보다는 발생 빈도가 훨씬 낮다. 이 상태가 발생하면 부모는 자녀가 두 살이 되기 전에 알 수 있다. 대체로 밭장다리는 어린이가 걷기 시작한 후 1년 안에 저절로 좋아진다. 고정기와 특수 신발은 거의 도움이 되지 않는다. 밭장다리가 통증, 발 기능의 문제 혹은 위에서 설명한 무릎뼈 주행 장애를 유발하면 수술적인 재정렬을 고려할 수 있다. 수술 절차는 정강뼈 안쪽 비틀림과 넙다리 안쪽 돌림을 교정하는 것과 동일하게 진행된다.

「 발가락 끝으로 걷는 아이 : 까치발 보행 」

몸에서 가장 질긴 힘줄인 아킬레스 힘줄은 장딴지 세갈래근, 즉 두 갈래의 장딴지근과 하나의 가자미근과 연결되어 있다. 아킬레스 힘줄은 세 갈래근 바로 밑에서 시작하여 아랫다리 뒤쪽을 따라 계속되다가 뒤꿈치뼈 속으로 들어간다. 아킬레스 힘줄은 위축이 되면 발바닥쪽 굽힘을 하거나 발을 아래로 움직여 마치 발가락이 뾰족해지는 것처럼 보인다. 이 아킬레스 힘줄이나 세 갈래의 장딴지 근육을 '아킬레스 콤플렉스(Achilles complex)'라고 한다. 이 아킬레스 콤플렉스가 너무 팽팽하면 발이 아래쪽을 향하게 되며 발목을 굽혀 발을 위로 들어올리기가 힘들어진다. 이런 발의 자세를 '말발^{첨족}(equinus)'이라고 한다. 아킬레스 콤플렉스가 심하게 경직되어 있으면 발끝으로 걷게 된다.

어린이에게 까치발 보행을 유발하는 주요 원인은 세 가지가 있다. 원인에 따라, 그림 13.3에서 볼 수 있는 '프랜서 증후군(Prancer's syndrome)'이라는 원인 불명의 까치발, 근육 강직으로 인한 까치발, 근육 마비 질환으로 인한 까치발로 나뉜다. 그 외의 까치발은 어린이보다 성인에게 더 흔한데, 원인으로는 발목 외상, 발목 속을

막는 뼈 곁돌기, 지나치게 오랜 기간 발목을 아래로 고정하는 석
고붕대, 반복적으로 신는 굽 높은 신발 등을 꼽는다. 까치발 보행
의 원인과 상관없이, 시간이 지나면서 발은 회내한 자세에서 위쪽
과 바깥쪽으로 움직이면서 발목에서 위쪽 운동의 결핍에 대한 보
상을 하는 경향이 있다. 이러한 발의 회내는 편평발을 만들 수 있
고, 이는 다시 더 많은 문제를 유발한다(5장). 인체는 다른 방법으로
도 긴장된 뒤꿈치 힘줄을 보상한다. 가령, 무릎 과신전(지나치게 늘어난
상태), 보행 시 너무 일찍 뒤꿈치를 바닥에서 떼기(걸음걸이가 눈에 띄게 까
딱거린다), '척추 앞굽음(lumbar lordosis, 척추의 일부가 굽어 엉덩이가 지나치게 뒤쪽으
로 튀어나오는 상태)' 등이다.

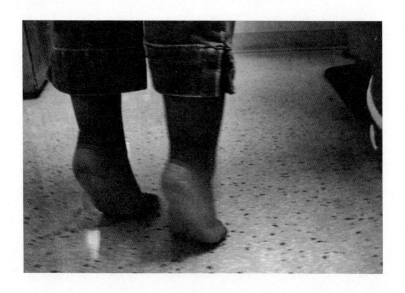

그림 13.3 **프랜서 증후군으로 까치발 보행을 하는 어린이**

PART 3 특별한 발 문제를 가진 사람들

특발성(질병의 발생 원인이 명확히 드러나지 않는 성질) 까치발 보행은 어린이가 습관적으로 발끝으로 걷거나 비경직 선천성으로 짧은 아킬레스 힘줄을 가지고 태어나기 때문에 발생한다(선천성이란 태아 발달 단계에서 발생하지만 유전은 아니라는 뜻이다. 원인으로는 자궁 내 태아의 위치, 발달 변이를 꼽는다). 부모가 자녀의 까치발 보행을 처음 알게 되는 시기는 아이가 걷기 시작할 때이다. 특발성 까치발 보행은 양쪽 다리에서 대칭적으로 발생한다. 한쪽 다리에만 발생한다면 특발성이라고 볼 수 없다. 특발성 까치발 보행을 하는 어린이는 부모의 격려를 받으면 대체로 뒤꿈치를 바닥에 내려놓을 수 있게 된다. 이런 어린이는 힘줄 반사, 균형, 협응이 정상적이며, 처음부터 아킬레스 콤플렉스와 발목의 운동 범위가 정상적인 범주 안에 있다. 그러나 습관적인 까치발 보행은 아킬레스 힘줄을 영구적으로 위축시키고, 발목을 아래쪽으로 향하는 자세로 고정할 수 있다.

경직성 까치발 보행이란 장딴지 근육에 신호를 보내는 신경이 너무 많이 혹은 너무 자주 자극을 받아서 힘줄 반사가 과민 반응을 보이는 상태를 말한다. 경직성 까치발 보행은 흔히 뇌성마비, 뇌졸중, 척수 종양 같은 신경근육 질환과 함께 발생한다. 신경근육 질환으로 인한 까치발 보행은 정상적인 뒤꿈치-발가락이 아니라 발가락-발가락 방식의 걸음걸이로 나타난다. 어린이는 뒤꿈치를 바닥에 내려놓지 못한다. 경직성이 원인일 때 까치발 보행의 발현은 점진적으로 이루어지며, 양쪽 다리나 한쪽 다리에서 발생한다.

근육퇴행위축처럼 특정한 마비성 근육병에 의한 까치발 보행은 발을 정강이 쪽으로 당기는 다리 앞쪽 근육이 약해서 발생한다. 이 경우에는 장딴지 근육과 아킬레스 힘줄이 이 약한 근육들의 기능을 압도하므로 발이 아래로 향하는 자세를 만들어 까치발 보행을 유발한다. 마비성 근육병은 정상적인 근육 조직을 흉터 조직으로 바꾸어 장딴지 근육의 약화를 초래하고 근육과 힘줄의 긴장도를 높인다. 그래서 마비성 근육병으로 까치발 보행을 하는 사람이 힘줄 반사가 제대로 작동하지 않는 경우가 많다. 어린이는 이 병의 범위에 따라 뒤꿈치를 바닥에 내려놓거나 내려놓지 못한다. 까치발 보행은 점진적으로 시작되며, 양쪽 다리나 한쪽 다리에서 발생한다.

족부 전문의는 까치발 보행을 하는 어린이가 걷는 모습을 지켜보는 것으로 진찰을 한다. 그리고 장딴지 근육과 아킬레스 힘줄의 강도와 운동 범위를 검사하여 어느 부위가 강직되어 있는지 판단한다. 이 검사는 어린이가 등을 바닥에 대고 누워 있거나 두 다리를 앞쪽으로 곧게 뻗고 허리를 꼿꼿이 세우고 앉은 상태에서 이루어진다. 의사는 무릎을 편 자세에서 발목을 최대한 움직여 본 다음 무릎을 굽힌 자세에서 같은 과정을 반복한다. 이것을 실버스키올드(Silverskiold) 검사라고 한다. 또한 족부 전문의는 발과 발목 X선을 찍어서 발목 앞의 뼈 돌기가 발목 운동을 제한하는지 검사한다. 어린이의 까치발 보행이 신경근육병에 의한 것이라는 의심이 들면 신경과 전문의와 상담하는 것이 바람직하다. 신경과 전문의는 신경 전도 검사를 통해 어떤 신경이 관여하고 있는지 알아볼 것이다(10장). 신경 포착 증후군을 유발하는 병변이 있는지 확인하기 위해 척추 X선이나 MRI를 찍게 될 수도 있다.

습관으로 발달한 특발성 까치발 보행이라는 진단이 나오고, 진찰 결과가 정상이라면 어린이는 몇 달에 한 번씩 정기 검진을 통해 관리를 받으면 된다. 진찰 결과 아킬레스 콤플렉스 강직이라면 아킬레스 힘줄을 늘리기 위해 스트레칭, 물리요법, 부목 등의 방법이 모두 동원될 수 있다. 어린이가 어리고 아킬레스 힘줄이 선천적으로 짧다면 힘줄을 점진적으로 늘리기 위해 아랫다리에 석고붕대를 계속 씌우는 방법을 이용하기도 한다. 이 석고붕대는 6~12주 동안 매주 갈아 준다. 이 교정 방법은 두개골이 완전히 성장할 때까지 발목-발 교정기와 함께 계속 유지할 수 있다. 이런 교정기를 착용하는 목적은 문제의 진전이나 재발을 예방하고, 발이 회내한 자세로 보상하려는 문제를 막는 것이다. 통증만 없다면 어린이는 교정기를 착용하고서도 걷고, 달리고, 운동을 할 수 있다. 이러한 보존적인 방법에도 문제의 호전이 없다면 아킬레스 힘줄 전체나 장딴지 부분의 힘줄만을 늘리는 수술이 대안이 될 수 있다.

어린이가 근육 경직으로 까치발 보행을 한다면 석고붕대를 연속으로 착용한 뒤에 골격이 성숙할 때까지 발목-발 교정기를 이용하는 치료를 한다. 이 치료로도 상태의 호전이 없으면 힘줄을 늘이거나 보톡스로 유명한 부툴리눔 소량을 장딴지에 주사하여 경직된 근육을 풀어 주는 수술이 필요하다. 보톡스 주사의 부작용은 미미하며, 주사 부위에 일시적인 통증과 멍 자국 발생, 원하는 범위보다 더 광범위한 근육 약화, 약해진 근육으로 인한 일시적인 보행 적응 등으로 나타난다. 어린이가 마비성 근육병으로 까치발 보행을 한다면 아킬레스 힘줄을 늘이고 발과 발목에 부목과 고정기를 착용하는 것으로 치료가 된다. 근육에 흉터 생성과 위축이 있다면 수술로 연장하도록 권하지는 않는다. 그러면 아킬레스 콤플렉스가 더 약해지기 때문이다.

「 중발부 뼈 성장 : 부주상골 증후군 」

간혹 중발부 내의 발배뼈^{주상골} 바로 옆에 여분의 뼈나 연골이 붙은 채로 태어나는 아이들이 있다. 이 뼈는 주로 아치 안쪽에서 튀어나온다. 이 여분의 뼈를 '부주상골(accessory navicular)' 혹은 '주상골 부골(os tibiale externum)'이라고 한다. 이 뼈는 뒤정강 힘줄이 발배뼈로 들어가기 때문에 이 힘줄에 완전히 에워싸인다. 어떤 어린이에게는 부주상골이 문제가 되지 않고, 또 어떤 어린이에게는 심신을 쇠약하게 하는 고통스러운 증후군으로 이어진다. '부주상골 증후군(accessory navicular syndrome)'은 편평발을 가진 아이들에게서 흔히 찾아볼 수 있다. 보통은 양쪽 발에 모두 발생한다.

이 증후군은 외상, 신발과 튀어나온 뼈의 마찰로 인한 자극, 뒤정강 힘줄의 과다한 사용으로 발생한다. 발 안쪽에서 통증, 발적, 부기 등의 증상이 나타난다. 어린이는 발가락으로 일어나거나 특정한 신발을 신을 때 통증을 느낄 수 있다. 이 증상은 뼈가 발달하는 청소년기에 처음 발생하지만 가끔은 성인이 되어서 시작하는 경우도 있다. 족부 전문의가 부주상골 증후군을 진단하기 위해 확인하는 징후로는 발 안쪽의 돌출된 뼈, 뒤정강 힘줄의 강도를 측정할 때 느껴지는 불편감 등이 있다. 이 힘줄의 강도를 측정하기 위해 환자에게 발끝으로 일어서 보라고 하거나, 발을 몸의 중심선 쪽으로 돌려 보라고 주문하며, 그 움직임을 한 손으로 저지한다. X선으로 부주상골의 상태를 볼 수 있고, 뒤정강 힘줄의 손상 정도를 확인하기 위해 MRI를 찍기도 한다. MRI 촬영은 어린이보다 성인 환자에게 더 많이 주문한다.

부주상골 증후군의 초기 치료는 휴식, 얼음, 에이스 붕대나 가벼운 석고붕대를 이용한 압박, 비스테로이드성 소염제 등으로 이루어진다. 증상이 심각하면 족부 전문의는 체중 부하나 비체중 부하 석고붕대를 착용하고 4~6주 동안 발을 고정할 것을 권한다. 어린이가 이런 치료법으로 호전이 되면 맞춤 교정기를 이용해서 발을 지속적으로 지지하는 것이 좋다(16장). 그러나 어린이의 증상이 보존 치료에 반응하지 않는다면 수술을 고려해야 한다.

수술은 주로 부주상골을 잘라내고, 뒤정강 힘줄에 가해지는 긴장도를 유지하기 위해 힘줄의 한 부위를 절단하여 발배뼈나 쐐기뼈에 다시 붙이고, 발배뼈 자체에서 웃자란 뼈를 제거하는 과정으로 진행된다. 회복 기간에는 발에 가해지는 하중을 줄이기 위해 6주 동안 석고붕대를 착용한 뒤에 2~4주 동안 보호 부츠를 신고 걷는 연습을 한다. 이 과정이 지나면 맞춤 교정기가 달린 지지용 신발을 신을 수 있다. 어린이가 평생 동안 신체적인 활동을 많이 할 때마다 이 신발을 이용하는 것이 좋다. 힘줄을 강화하고, 통증을 경감하며, 발의 운동 범위를 늘리려면 물리요법을 이용한다.

「 뼈 연결 : 발목뼈 결합 」

관절에 의해 정상적으로 분리된 뼈가 연골, 섬유 조직 혹은 뼈에 의해 서로 연결되는 경우가 있다. 이런 뼈 연결이 발에서 일어난다면 대체로 발목뼈를 구성하는 복사뼈, 발꿈치뼈종골, 주사위뼈, 발배뼈, 쐐기뼈(1장 참조) 사이가 그 위치가 된다. 따라서 이 상태를 '발목뼈 결합(tarsal coalition)'이라고 부른다. 발목뼈 결합은 한쪽 발이나 양쪽 발 모두에 발생할 수 있는 선천적인 증상이다. 발목뼈 결합의 위치에 따라 뒷발부 운동이 크게 제약을 받을 수 있으며, 결국 발에서 적응 변화가 일어난다. 예를 들어, 뒷발부의 운동 제약을 보상하기 위해 중발부가 내전하여 위쪽과 바깥쪽으로 이동하며 결국 편평발을 만들 수 있다. 발목뼈 결합이 있는 사람은 쉬거나 앉을 때 회내한 자세로 굳어 있다.

주로 청소년기에 뼈가 성숙하므로 아동기에 증상이 시작될 수 있지만 성인기까지 지연되기도 한다. 증상은 발목이 삐는 것과 같은 외상과 함께 나타날 수 있다. 발목뼈 결합은 걷거나 서 있을 때 중발부 상부, 뒷발부, 발목의 바깥쪽 전면에 통증을 일으킨다. 통증은 활동을 하거나 평탄하지 않은 지면을 걸을 때 심해지고, 휴식을 취하면 줄어든다. 다른 증상으로는 다리의 피로감과 발이나 다리의 근육 연축이 있다. 어린이는 강직성 편평발이 있어서 다리를 절 수도 있다. 목말밑 관절이 지면의 변화에 대해 보상을 하거나 적응을 하지 못하기 때문이다. 발이 경직되어 안쪽이나 바깥쪽으로 돌리는 운동에 제약이 따르기도 한다.

족부 전문의는 진찰과 X선, MRI 혹은 CT 같은 영상 기법으로 발목뼈 결합을 진단한다. 초기 치료의 목표는 통증을 줄이고 영향을 받은 관절의 운동과 긴장을 제한하는 것이다. 치료를 하려면 발과 발목 고정, 비스테로이드성 소염제, 통증 부위에 투여하는 코르티손 주사, 회내 자세를 최소화하고 지지 역할을 해 줄 반창고, 맞춤 교정기 등을 이용한다. 보존 치료로 불편이 줄어들지 않으면 발목뼈 결합을 제거해서 뼈가 더 붙지 않도록 하는 방법이 있다. 수술 후에는 4~6주간 발을 고정한 뒤에 영향을 받은 관절의 운동 범위를 최대화하기 위해 적극적인 물리요법을 실시한다. 어린이는 지지용 신발을 다시 신을 수 있으며 맞춤 교정기가 필요한 경우도 있다. 관절염도 있는 성인 환자에게는 영향을 받은 관절의 뼈들을 연결하기 위한 수술적인 융합을 권한다. 수술 후에는 10~12주 동안 발을 고정하면서 보행용 석고붕대를 착용하면서 점차 체중부하 상태에 다시 적응한다.

「 뼈의 퇴행 : 뼈연골증 」

자라나는 어린이에게는 뼈 속에 '성장판(growth plate)' 이라고 하는 연골 부위가 있다. 이 성장판이 새로운 세포를 계속 생성하면서 뼈가 자라게 된다. 이때 개별적인 뼈의 성장판으로 가는 혈액 공급이 방해를 받으면 뼈의 해당 부분이 죽고 성장판 주위에는 결함이 있는 뼈가 형성된다. 그러면 나중에 이 부위에서 뼈가 다시 자라기 시작한다. 정확한 원인은 밝혀지지 않았지만, 이 현상이 '뼈연골증'이라는 상태로 이어진다. 급속한 성장, 외상, 유전, 혈관 손상, 과다 사용이나 반복적인 스트레스, 뼈에 가해지는 비정상적인 하중과 압력 혹은 영양 불균형 등을 그 원인으로 꼽는다.

진단은 진찰과 X선, 뼈 스캔, MRI를 이용하여 이루어진다. 진행 초기라면 X선상에 정상으로 보이지만 질병이 진행되는 동안 뼈가 하얗게 변하고 균열이 생긴다. 뼈 스캔은 해당 뼈로 가는 혈류가 줄어든 것을 보여 주며, MRI는 연골과 다른 질병을 구별하기 위해 활용한다. 뼈연골증은 몸 속의 모든 뼈에서 일어날 수 있지만, 여기서는 발에서 가장 흔하게 발생하는 부위인 발배뼈(쾰러병)와 발허리뼈 머리(프라이버그병)에 관해서만 이야기하려고 한다.

쾰러병

발배뼈^{주상골}의 뼈연골증을 쾰러병(Kohler disease)이라고 부른다. 주로 2~9세 사이에 발병하며 여아보다 남아에게서 더 빈번하게 발견된다. 대개 다리를 절고 아치 안쪽에서 압통이나 통증을 느낀다. 뼈 부위에서 부기, 발열, 발적이 나타날 수 있다. 치료의 목표는 통증과 염증을 줄이는 것이다. 쾰러병을 앓는 어린이의 대부분이 보존 치료만으로 완치되며, 수술이 필요한 경우는 드물다. 보존 치료로 비스테로이드성 소염제를 투여하고 체중 부하나 비체중 부하 석고붕대를 이용하여 고정하는 방법이 있다. 증상이 호전되면 맞춤 교정기를 착용하도록 하는 것이 좋다. 이 상태를 치료하고 나면 6개월~4년 안에 X선으로 정상적인 뼈를 확인할 수 있으며, 뼈는 정상적으로 자란다.

프라이베르그병

둘째 혹은 셋째 발허리뼈 머리에서 가장 흔하게 발생하는 발허리뼈 머리의 뼈연골증은 프라이베르그병(Freiberg infraction)이라는 이름으로 불린다. 남아보다 여아에게 더 많이 나타나는 병이다. 증상이 전혀 없는 어린이가 있는가 하면, 극심한 통증을 호소하는 어린이도 있다. 가능한 원인을 꼽는다면 짧은 첫째 발허리뼈, 긴 둘째 발허리뼈, 반복적이고 역학적인 과부하(예를 들어, 발가락으로 점프를 하는 행동에 의한) 혹은 앞발부에 과다한 부담을 주는 굽이 높은 신발을 착용하는 습관 등이 있다. 프라이베르그병을 앓는 어린이는 발 앞부분에 통증을 느끼는데, 이 통증은 활동량이 증가할수록 심해진다. 간혹 다리를 절룩거리는 어린이도 있다. 통증과 부기는 발가락과 발이 만나는 관절(발허리발가락 관절)과 발허리뼈 머리에 집중된다. 간혹 발가락만 움직여도 통증을 느끼는 경우도 있다.

프라이베르그병의 조기 진단과 치료는 뼈와 관여하는 관절의 손상을 최소화하기 위해 중요하다. 병이 진행되는 동안 발허리뼈의 붕괴로 관절 속의 연골이 중대한 손상을 입기도 한다. 관절 속에서 헐거워진 뼛조각이 나타나고 관절 가장자리에 뼈 돌기가 형성될 수도 있다. 치료는 통증을 줄이고 관절의 기능을 높이는 것을 목표로 한다. 처음 발병할 때 진단을 받으면 체중 부하 혹은 비체중 부하 석고붕대를 착용하고 증상이 완전히 사라질 때까지 발을 고정한다. 조금 더 진행되어 뼈 붕괴가 발생했다면 해당 부위의 압박을 최소화하기 위해 신발을 개조하고, 발 앞부분에 실리는 체중을 줄이기 위해 둥근 밑창을 깐 신발을 신게 하고, 압박을 덜기 위해 패드를 사용하며, 아이가 어느 정도 성장해서 성장판이 닫힌 상황이라면 코르티손을 관절에 주사하여 치료한다.

어린이의 증상이 보존 치료로는 호전되지 않는다면 수술을 고려해야 한다. 다양한 수술 방법이 있으며, 모두 좋은 결과를 보여주고 있다. 어떤 방법이 가장 좋은지는 어린이의 연령과 활동성, 관여한 뼈와 관절의 정도, 뼈와 관절의 손상 수준에 따라 달라진다. 손상이 미미할 때는 해부학적으로 발의 정상적인 구조를 보존하기 위해 관절 구제 수술을 한다. 관절 구제 수술로는 관절의 뼈 돌기를 제거하거나, 발허리뼈를 잘라 짧게 만들어 관절이 받는 압박을 줄이거나, 뼈의 치유를 자극하기 위해 영향을 받은 발허리뼈 머리에 뼈를 이식하거나, 발허리뼈 머리 바닥에서 건강한 연골을 들어올려 손상된 연골과 교체하는 방법이 있다. 관절이 심각한 손상을 입었을 때는 관절 파괴 수술이 적절하다. 관절 파괴 수술에서는 발허리뼈 머리의 일부를 제거하거나, 이식으로 관절을 대체하거나, 관절 융합을 시행한다. 수술 후 회복 과정과 기간은 수술 방법에 따라 다르다.

「 자라는 발꿈치의 통증 : 시버병 」

성장 중인 어린이의 발꿈치뼈는 두 부분으로 발달한다. 주된 뼈 하나와 뒤꿈치에 있는 작은 뼈가 그것이다. 이 두 부분 사이에 성장판 혹은 '뼈 곁돌기(apophysis)'가 있는데, 성장을 위한 뼈세포를 생성하는 연골 부위에 해당한다. 14~16세쯤 되면 이 연골이 사라지며, 그 뒷부분과 발꿈치뼈의 주요 뼈가 결합하게 된다. 간혹 성장판이 감염되어 시버병(sever disease) 혹은 '뼈 곁돌기염(calcaneal apophysitis)'의 상태가 된다. 전형적으로 이 병은 성장 급증기에 접어드는 10~14세의 어린이에게 발생한다. 아이가 자라는 동안 뼈는 먼저 늘어나는 데 비해 근육은 뒤처지기 때문에 근육 당김이 일어난다. 시버병의 경우 아킬레스 힘줄이 뒤꿈치뼈로 들어가는 곳에 위치한 뒤꿈치의 성장판이 아킬레스 힘줄로 인해 긴장이 고조되어 염증과 통증을 유발하게 된다.

시버병의 가장 흔한 원인은 아킬레스 힘줄을 지나치게 많이 사용하는 것이다. 주로 축구, 미식축구, 달리기 같은 운동과 아킬레스 힘줄이 성장판을 되풀이해서 끌어당기는 활동으로 발생한다. 경직된 장딴지 근육, 편평발(지나친 회내 자세), 축구와 같은 스포츠용 신발이 잘 알려진 요인이다. 주된 증상은 발꿈치 주변의 약한 부기, 발꿈치 뒤쪽과 좌우측의 통증, 신체적인 활동 중이나 후의 불편감 등이다. 시버병은 흔히 '자기 한정적(외부 영향에 의해서가 아니라 자체적인 특성에 의해서 일정하게 한정된 경과를 나타내는 질환)'이어서 성장판이 닫히면 병도 멈춘다. 그러나 시버병을 앓는 어린이들은 심각한 통증을 느끼기 때문에 하고 있던 활동을 중단하게 된다. 따라서 족부 전문의에게 데려가서 진단과 치료를 받게 해야 한다.

치료의 목표는 증상 경감과 동시에 아킬레스 힘줄의 당김을 완화하는 것이다. 신발 속에 덧대는 발꿈치를 높여 주는 패드, 장딴지 스트레칭, 얼음, 발을 보호하고 완충하는 신발이 도움이 된다. 시버병을 앓는 어린이들은 운동하는 시간을 줄여야 한다. 그러나 이 상태가 초기 치료에 조금이라도 반응한다면 운동을 못 하도록 막을 필요는 없다. 통증이 계속되면 족부 전문의는 어린이용 모르틴 같은 비스테로이드성 소염제나 타이레놀 같은 진통제를 복용할 것을 권할 수 있다. 이에 반응이 없는 경우에는 발을 고정하는 기간이 필요하다. 증상이 사라지면 맞춤 교정기가 문제의 재발 방지에 도움이 된다.

「 짧은 발가락 : 단중족증 」

다섯 개의 발허리뼈 중 하나가 지나치게 짧은 상태를 단중족증(Brachymetatarsia)이라고 한다. 넷째 발허리뼈와 발가락이 가장 많이 영향을 받지만 발허리뼈 중 어느 것에서도 발생한다. 일반적으로 유아기에 발생하고 남아보다 여아에게 빈번하다. 양쪽 발 모두에 나타나는 것이 대부분이다. 단중족증은 발허리뼈의 성장판이 너무 빨리 닫혀서 뼈가 정상 범위에 못 미치게 짧은 증상을 보인다. 발허리뼈가 짧으면 앞발부의 압박과 체중 분산 상태가 달라진다. 지나친 하중이 인접한 하나의 뼈나 여러 개의 뼈로 이동하면서 통증을 유발하고, 뼈 아래쪽에 굳은살이 형성된다(8장의 발허리통증 참고). 뼈 기형과 더불어 주변의 연조직도 짧아지거나 위축된다. 이런 연조직은 발가락의 굽힘근과 폄근 힘줄, 발가락과 발허리뼈 사이에 있는 관절의 인대와 관절주머니를 포함한다. 결국 발가락 자체가 짧아져 위로 당겨 올라가면서 비교적 제 기능을 하지 못하게 된다. 발가락 하나가 나머지 발가락보다 위로 올라가면 신발과 마찰을 일으키고 눌리기도 하면서 통증을 유발하고 굳은살이 형성된다. 특히 젊은 여성은 신체적인 불편 외에도 발 모양으로 인해 감정적이고 심리적인 영향을 받을 수 있다.

단중족증은 대부분 선천적(유전적인 연결 고리 없이 자궁에서 발달하는 유형)이거나 유전적(유전적인 연결 고리를 찾을 수 있는 유형)이다. 그 외에도 외상, 수술 후 변화, 다운 증후군, 아페르 증후군(뾰족한 머리와 붙은 손가락과 발가락이 특징인 선천성 질환), 올브라이트 뼈 형성 장애(뼈의 이상 형성을 일으키는 유전적인 질환), 겸상 적혈구성 빈혈(주로 아프리카계의 사람들에게서 나타나는 유전적 악성 빈혈), 난쟁이증^{왜소증}, 회색질척수염(폴리오바이러스가 척수의 앞뿔세포를 선택적으로 침범하여 운동마비를 일으키는 급성 바이러스병) 등을 원인으로 꼽는다. 발가락이 드러나는 신발이나 깊이가 있는 신발은 올라간 발가락이 받는 압박을 줄이는 데 도움이 된다. 패드가 덧대어져 있는 시판 안창이나 맞춤 교정기를 사용하면 영향을 받은 앞발부의 아래 부위에 가해지는 압박을 덜 수 있다. 비수술적인 방법이 적절한 통증 완화에 도움이 되지 않는다면 수술적인 재건을 고려할 만하다. 수술은 짧은 발허리뼈를 늘리거나, 인접한 발허리뼈들을 짧게 만들거나, 짧은 발가락의 위치를 교정하는 방법으로 진행된다. 수술 후 회복 기간은 수술 방법에 따라 달라진다.

「 겹친 발가락 」

모든 사람의 발이 완벽하게 곧은 것은 아니지만 어떤 사람들의 경우에는 하나 이상의 발가락이 인접한 발가락과 위나 아래로 겹친다. 위로 혹은 아래로 겹친 발가락을 모두 선천적인 상태로 보는데, 자궁 내 태아의 자세가 이런 겹침에 영향을 주기 때문이다.

주로 출생 시에 존재하는 겹친 발가락은 어린이에게 흔하게 발견된다. 새끼발가락이 가장 많이 영향을 받고, 둘째 발가락이 그

뒤를 잇는다. 영향을 받은 발가락은 자세가 위로 향하고 안쪽으로 돌아가 있다. 발가락을 위로 올라가게 만드는 힘줄(폄근 힘줄)이 그렇듯이 발가락 안쪽의 피부도 팽팽하다. 항상 그렇지는 않지만 간혹 발가락과 만나는 관절에서부터 탈구된 경우도 있다. 위로 겹치는 발가락은 어린이에게는 통증이 없지만 성인에게는 통증, 윤활낭염, 굳은살 형성 등의 증상을 유발한다. 어린이는 위로 겹치는 발가락이 지나치게 자라는 경우가 드물기 때문에 아동기에 발가락을 치료하는 것이 좋다.

어린이나 유아에 대한 치료로 스트레칭과 적어도 6~12주 동안 영향을 받은 발이 바른 자세가 되도록 테이핑을 하는 방법이 있다. 보존 치료에 반응을 보이지 않는 어린이와 변형된 발가락에서 매우 심한 통증을 느끼는 성인의 경우에는 수술을 고려한다. 어린이에 대한 수술에서는 발가락 상부의 피부를 늘리고, 발가락 밑의 피부를 당기고, 힘줄을 느슨하게 하거나 이식하고, 관절을 풀어 주고, 발가락에 핀을 박아 바른 자세로 교정하는 방법을 사용한다. 성인의 경우에는 이런 절차와 더불어 발가락뼈의 일부를 제거하거나(관절 성형), 발가락을 영구적으로 펴는 방법(관절 유합술, 8장)을 활용한다. 회복은 6주 동안 수술용 신발을 신고 걷다가 점진적으로 일반 신발을 신는다. 수술을 받기에 부적절한 노인은 패드를 사용하거나, 신발을 개조하거나, 깊이가 깊은 신발을 신거나, 드물지만 재건이 어려운 부위를 절단함으로써 압박을 줄이는 보존 치료가 효과적이다.

의학적으로는 '발가락옆굽음증(clinodactyly)', 일반적으로는 구부러 진 발가락으로 알려진 아래로 겹친 발가락은 선천적인 상태로 판 단하지만 그 원인은 아직 밝혀지지 않았다. 그림 13.4는 구부러진 발가락과 다른 발가락 문제가 나타난 어린아이의 발을 보여 준다. 발가락을 굽히는^{아래로} 힘줄이 펴는^{위로} 힘줄보다 더 길고 단단하게 자리 잡은 근육 불균형 상태일 가능성이 높다. 셋째, 넷째, 다섯째 발가락은 아래로 겹치는 상태가 되기 쉽다. 아래로 겹치는 발가락 은 아래와 안쪽을 향한 자세를 띠며, 발가락이 인접한 발가락 밑 으로 들어간다. 흔히 이런 발가락의 바깥쪽이나 발톱판 바깥쪽에 굳은살이 형성되고 통증을 유발한다. 발에 끼는 신발을 신고 장시 간 서 있으면 통증이 심해진다.

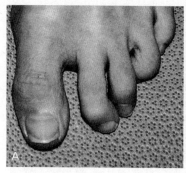 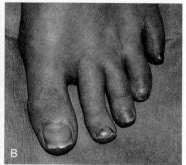

그림 13.4 (A) 이 어린이는 유연한 말레발가락 두 개(둘째와 셋째 발가락), 굽은 발 가락(넷째 발가락), 그리고 모음근 내반 변형(새끼발가락)을 가지고 있 다. (B) 발가락 아래의 힘줄과 관절주머니를 절개하는 수술로 모두 교정 되었다.

아래로 겹친 발가락이 인접한 발가락을 누르지 않거나 아주 살짝만 누르는 상태일 때는 치료할 필요가 없다. 치료가 필요한 유아의 부모에게는 발가락을 곧게 펴는 자세로 테이핑을 하거나, 부목을 대거나(생후 6개월이 지난 유아에 대한 치료는 거의 성공하지 못한다), 손으로 발가락을 펴줄 것을 권한다. 성인에 대한 보존 치료로는 패드나 완충제를 덧대고 발에 끼는 신발을 신지 않는 것이다. 족부 전문의는 증상 완화를 위해 굳은살을 제거하기도 한다. 어린이나 어른에 대한 보존 치료가 반응을 보이지 않는다면 수술이 대안이 된다. 수술의 목표는 발가락을 곧게 펴고 굽힘근을 잘라주는 것이다. 이때 연조직 교정을 위해 피부, 힘줄, 관절주머니의 일부를 제거하고 필요하면 뼈도 잘라낸다. 이 수술 후 회복을 위해서는 밑창이 딱딱한 수술용 신발을 신고 보호된 체중 부하 상태로 4~6주를 보낸 다음 서서히 일반 신발로 옮겨가는 과정을 거쳐야 한다.

「 어린이를 위한 신발 선택 」

갓 태어난 아기가 작고 앙증맞은 신발을 신고 있으면 더 귀여워 보일지도 모른다. 하지만 아기에게는 신발이 필요하지 않으며, 사실상 걷기 시작할 때까지 신발을 신으면 안 된다. 너무 이른 시기에 신발을 신으면 발에 불필요한 압박을 줄 수 있다. 부드러운 양말이나 발을 감싸는 편안한 신발이 아직 걷지 못하는 아기에게 안전하다. 어린이가 걷기 시작하면 신발을 신을 준비가 되었다고 보지만, 신발이 너무 무겁거나 밑창이 딱딱하거나 '끈적거리는' 것은 좋지 않다. 그런 신발 때문에 걸으면서 비틀거리거나 넘어지기 쉽다. 자녀를 위한 신발을 고를 때 가장 중요한 점은 발에 잘 맞아야 한다는 것이다. 발을 신발에 맞추려고 해서는 안 된다. 잘 맞는 신발은 직선이거나 정상적인 골, 둥근 선심, 흡수성 있는 안창, 튼튼하고 안정적인 뒤축이 갖춰져야 한다. 또한 가장 긴 발가락과 신발의 끝부분 사이의 공간이 (어른) 엄지의 반 정도가 되어야 한다. 어린이의 신발 크기는 3개월마다 바뀔 수 있으므로 자녀의 신발이 잘 맞는지 자주 확인하고 새 신발을 신어 보기 전에 먼저 발 크기를 재는 것이 좋다. 또한 수포나 굳은살은 신발이 잘 맞지 않는다는 것을 말해 주므로 항상 그런 증상이 생기지 않았는지 살펴보는 것이 중요하다.

어린이에게 누가 신던 신발을 신게 하는 것은 좋은 방법이 아니다. 그 신발을 자주 신게 되거나 신발 상태가 좋지 않다면 더욱 그렇다. 어른이나 어린이의 경우 모두 다른 누군가가 신었던 신발은 마모로 인해 지지력과 완충력을 잃어버린다. 게다가 신발은 발의 형태나 걸을 때 발의 자세로 인해 특정 부분이 잘 닳는다. 맏이와 둘째 아이의 발 모양과 보행 방식이 똑같을 리 없다. 예를 들어, 형의 신발이 뒷굽과 밑창의 안쪽 가장자리가 잘 닳는다면 그 신발을 신는 동생은 고유의 발 자세와는 상관없이 자신의 발을 안쪽 가장자리 쪽으로 맞추게 될 것이다.

운동선수와
운동 애호가의 발 손상

많은 사람이 저마다 일정한 스포츠나 운동을 즐긴다. 직업 운동 선수도 있겠지만, 그보다 더 많은 사람들이 취미로, 그리고 건강해 지려고 운동을 한다. 직업으로나 취미로나 운동에 의한 손상은 두 가지 운동 집단에 있어 흔하게 발생한다. 특히 발, 발목, 아랫다리 가 비교적 높은 비율로 손상을 입는다. 으레 달리거나 점프를 하 거나 발에 충격을 주는 활동을 많이 하기 때문이다. 사람들은 운 동에 의한 손상이라면 흔히 사고로 인한 부상을 떠올린다. 하지만 그보다는 지나친 사용으로 인한 손상이 더 많을 것이다. 어느 쪽 이든 손상은 증상이 심각해지면 치료를 통해 회복할 수 있거나 개 인에게 고질적인 문제로 남을 수 있다.

이 장에서는 흔히 발생하는 발과 발목 손상의 원인, 증상, 치료에 집중해서 설명하려고 한다. 하지만 발생 가능한 손상을 모두 다루지는 않을 것이다. 모든 가능성을 설명하려면 책 전체의 지면을 할애해야 할지도 모른다. 특정 스포츠에서 자주 발생하는 손상에 관해서는 다른 장에서 이미 소개했다. 수포와 굳은살의 형성(6장), 발허리뼈 통증과 탈구 증후군(발허리발가락 관절낭염. 8장), 뒤정강 힘줄염을 비롯한 힘줄 손상(5장), 아킬레스 힘줄염(9장), 종아리 힘줄염, 긴 엄지 굽힘근 힘줄 손상, 아킬레스 힘줄 파열(12장) 등이 그 예이다.

「 종자뼈 손상 」

엄지발가락과 연결되는 발허리뼈 머리 아래에 종자뼈라는 이름을 가진 타원형의 작은 뼈 두 개가 있다. 종자뼈는 엄지발가락 관절에서 중요한 요소이다. 그리고 두 가지의 중요한 기능을 담당한다. 충격을 흡수하고 엄지발가락을 아래로 당기는 굽힘근 힘줄의 버팀목 역할을 하는 것이다. 사람이 걸을 때 굽힘근 힘줄을 끌어당기는 힘이 필요한데, 종자뼈는 이 힘의 크기를 줄여주는 도르래 장치와 같다. 보행 주기에서 발가락을 땅에서 뗄 때 발가락을 아래로 당기면서 많은 힘이 필요하기 때문이다. 종자뼈는 엄지발가락을 고정하는 힘줄과 인대로 된 섬유망에 둘러싸여 있다. 이 뼈의 윗부분은 연골로 덮여 있어서 엄지발가락 관절과 만나는 지점에서 부드럽고 아프지 않은 움직임이 가능해진다.

종자뼈는 두 가지 유형의 손상을 입을 수 있다. 바로 '종자뼈염

(sesamoiditis)'과 '종자뼈 골절(sesamoid fracture)'이다. 종자뼈염은 종자뼈 자체, 주위의 연조직이나 뼈와 첫째 발허리뼈 사이의 연결 지점에서 만성적인 염증이 있을 때 발생한다. 이런 상태는 앞발부, 그 가운데서도 특히 엄지발가락 관절에 반복적이고 비정상적인 긴장이 가해지면서 발생한다. 종자뼈염에 잘 걸리는 사람들은 굽이 높은 신발을 자주 신거나, 발의 아치가 높거나, 반복적으로 발가락으로 땅을 밀어내거나 점프를 해야 하는 운동과 기타 활동에 참여하는 사람들이다. 발레 무용수는 특히 위험하다. 육상선수, 단거리 육상선수, 체조선수, 그리고 농구, 테니스, 축구, 미식축구 같은 운동을 하는 사람들도 마찬가지이다. 종자뼈 골절은 뼈에 가해지는 반복적인 긴장이 긴장 골절(뼈 표면에 하나 이상의 금이 가는 경우)이나 뼈가 완전히 부러지는 외상성 골절을 유발할 때 발생한다. 긴장 골절은 종자뼈염을 일으키는 것과 같은 활동으로 발생한다. 외상성 골절은 엄지발가락 관절의 과다 굽힘이나 과다 폄 이후 혹은 사람이 높은 곳에서 떨어졌을 때 발생할 수 있다.

종자뼈염과 종자뼈 골절 모두 엄지발가락 관절 아래에서 통증을 일으킨다. 통증은 활동을 할 때, 그리고 엄지발가락을 구부리거나 펼 때 심해진다. 어느 쪽이든 엄지발가락의 운동 범위는 줄어든다. 종자뼈 손상으로 발바닥에 멍이 생기기도 한다.

종자뼈의 정확한 문제를 진단하는 것이 까다롭기는 해도, 족부 전문의를 방문하여 정확한 진단을 받는 것이 중요하다. 종자뼈는 비교적 혈액 공급이 빈약한 위치에 있으므로 늦어지거나 부적절한 치료로 인해 혈액 공급이 완전히 차단되면 뼈 괴사 혹은 '무혈관 괴사(avascular necrosis)'가 일어난다. 이 상태는 치료가 매우 어렵다. 환자가 종자뼈 손상을 의심하고 족부 전문의를 찾아가면 뼈 골절을 확인하기 위해 X선을 찍게 된다. 일반적으로 손상이 한쪽 발에만 있다고 해도 양발을 모두 찍는다. 간혹 종자뼈가 하나가 아니라 두 조각으로 갈라져서 형성된 사람도 있다('이분 종자뼈[bipartite sesamoid]'). 그림 14.1에서 볼 수 있듯이 해부학적으로 정상적인 변이로 구분하며, 인구 중 3분의 1에서 발견된다. X선상에서 두 발을 비교하면 이분 종자뼈와 골절된 종자뼈를 구별하는 데 도움이 된다. 일반적으로 이분 종자뼈는 양발에 모두 존재하기 때문이다. 더불어, 이분 종자뼈는 가장자리가 매끈하고 둥근 반면에 골절된 종자뼈는 가장자리가 들쭉날쭉하고 불규칙적이다. 족부 전문의가 X선 검사로도 확신을 내리지 못하면 핵의학 영상 검사인 뼈 스캔이나 MRI를 찍을 수도 있다.

치료는 손상 정도에 따라 달라진다. 종자뼈염에 대한 치료는 비스테로이드성 소염제를 복용하거나, 문제를 일으킬 소지가 있는 활동을 제한 혹은 중단하거나, 발볼 부분에 패드를 대어 엄지발가락 관절 아랫부분이 받는 압력을 덜어 주거나, 굽이 낮고 둥근 안창이 깔려 완충작용을 하는 부드러운 신발이나 딱딱한 판을 깐 안창을 이용하거나, 엄지발가락이 아래로 향한 자세로 부목을 대거나, 맞춤식 교정기를 신는다. 시급한 증상이 사라지고 나면 근육과 힘줄을 강화하고 발가락의 운동 범위를 늘리기 위해 엄지발가락

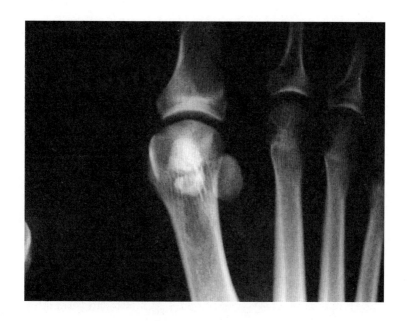

그림 14.1 이분 종자뼈는 일부 사람들이 출생할 때부터 가지고 있는, 해부학적으로 정상적인 변이에 속한다.

운동을 하는 것이 좋다.

종자뼈 골절의 치료는 일반적으로 발을 고정하는 몇 가지 방법으로 이루어진다. 예를 들어, 엄지발가락을 위로 펼 수 없도록(발등굽힘 자세로) 부목을 대거나, 발볼 부분에 패드를 대거나, 발과 발목에 석고붕대나 CAM 워커를 착용한다. 종자뼈 골절의 공격적인 치료는 무혈관 괴사의 위험을 피하기 위해 꼭 필요하다. 무혈관 괴사를 치료하려면 영향을 받은 발을 고정한 채 움직이지 말아야 하는데, 이 과정이 몇 달은 걸리기 때문이다. 종자뼈 골절과 무혈관 괴사를 모두 치료하기 위해 뼈 성장 자극법을 이용하기도 한다.

　종자뼈염이나 종자뼈 골절이 10~12주 동안 치료해도 호전되지 않는다면 수술을 고려할 수 있다. 종자뼈염과 잘 낫지 않는 종자뼈 골절에 대한 수술은 보통 영향을 받은 종자뼈를 제거하고 주변의 연조직을 복구하는 방법으로 이루어진다. 종자뼈가 두 조각으로 골절된 환자는 더 작은 조각을 제거하는 것으로 수술이 간단하지만, 이 방법은 초기 문제가 재발할 위험이 있다. 일반적으로는 종자뼈 두 개를 모두 제거하지 않는다. 굽힘근의 도르래 기전을 바꾸고 약화시키며, 시간이 지날수록 엄지발가락의 위축(망치발가락과 유사하다)이 발생하기 때문이다. 직업 선수의 경우에는 골절된 종자뼈를 나사와 뼈 이식으로 복원하지만 결과는 매우 다양하게 나타난다. 제거를 하든 복구를 하든, 종자뼈 수술을 한 사람들은 대체로 아무런 문제 없이 본래의 활동과 운동을 재개할 수 있다.

「　접질린 엄지발가락 : 잔디 발가락　」

　　엄지발가락이나 첫째 발허리발가락 관절 주변의 어떤 부분이라도 접질리게 되면 이 상태를 '잔디 발가락(turf toe)'이라고 한다. 관절주머니, 인대, 종자뼈, 엄지발가락 혹은 첫째 발허리뼈 머리가 입는 손상이 모두 이 잔디 발가락에 속한다. 엄지발가락을 갑자기 심하게 펴서(위쪽 운동) 물리적인 한계를 넘을 때 발생한다. 이보다 빈도는 낮지만, 엄지발가락을 갑자기 지나치게 굽히는 동작(아래쪽 운동)으로도 발생한다. 이 손상이 인공 잔디 위에서 운동을 하는 선수들에게 자주 발생하기 때문에 잔디 발가락이라는 이름이 붙여졌다. 인조 잔디의 표면은 천연 잔디보다 마찰 계수가 훨씬 더 높다. 다시 말해, 잔디에서 미끄러지는 발에 대한 표면의 저항력이 더 큰 것이다. 따라서 선수가 제동을 할 때 발이 잔디 표면에서 쉽게 움직임을 멈추므로 그만큼 손상이 잘 일어나는 셈이다. 그러나 잔디 발가락은 그 이름과는 달리 인공 잔디 위의 활동에만 국한된 손상이 아니다. 딱딱한 표면에서 발을 빠르게 떼야 하거나 혹은 신발 속에서 발가락들이 한데 몰리거나 갑작스럽게 멈추어야 해서 발을 순간적으로 펼 수밖에 없을 때 발가락 손상이 발생한다. 게다가 운동선수들에게 점점 더 빠른 속도를 요구하는 분위기로 인해 신발의 디자인이 안정성을 포기하고 앞발부의 유연성을 극대화하는 쪽으로 바뀌고 있다. 이런 신발을 신으면 앞발 부위가 더 쉽게 손상을 입는다. 잔디 발가락의 또 다른 원인은 마모된 신발을 신는 것이다. 낡은 신발은 더 유연하기 때문에 앞발부 손상의 위험을 높인다.

잔디 발가락은 중증도가 다양해서 등급이 매겨져 있다. 1등급 손상은 관절주머니와 인대가 조금 늘어난 정도에 그친다. 엄지발가락에 욱신거리는 통증과 약간의 부기가 나타나며 멍은 생기지 않는다. 2등급 손상은 관절주머니와 인대가 부분적으로 파열된 상태이다. 증상은 엄지발가락 뒤 발볼까지 번지는 조금 더 광범위한 통증, 약간의 부기, 멍으로 나타난다. 3등급은 관절주머니와 인대가 완전히 파열되는 수준으로, 종자뼈와 첫째 발허리뼈 머리에도 손상을 입힐 수 있다. 증상은 부위를 정확하게 집어낼 수 없는 극심한 통증, 부기, 멍, 관절을 움직일 때의 통증이다. 진단은 X선 하나면 충분하다. 가끔 관절을 더 확인해야 할 때는 MRI도 활용한다.

손상의 중증도는 적절한 치료법을 결정하는 기준이다. 다행히, 대부분의 잔디 발가락 손상은 수술 없이도 치료할 수 있다. 손상의 등급과 상관없이 초기의 치료는 얼음찜질을 하고 발 위치를 높게 해서 쉬도록 해야 한다. 통증이 잦아들면 발가락 관절을 조금씩 움직여 보아야 한다. 1등급 잔디 발가락의 경우에는 심한 증상이 사라지면 테이핑을 하거나 부목을 댄다. 2등급 잔디 발가락은 몇 주 동안 체중 부하 없이 발을 고정한 뒤에 보호용 신발이나 부츠를 신고 서서히 걷기를 시작한다. 2등급 손상을 입은 선수는 탄소섬유로 된 얇은 안창을 신발에 깔면 더 빨리 운동에 복귀할 수 있다. 이는 엄지발가락의 발등 굽힘(위쪽 운동)을 막기 위한 방법이다.

3등급 손상을 입은 환자는 보행용 석고붕대를 착용하고 2~6주 동안 발을 고정해야 한다. 종자뼈의 골절이나 탈구, 그리고 엄지발가락 관절의 골절이 있으면 이 손상에 해당한다(엄지발가락 관절의 골절은 관절과 만나는 두 뼈 중 어느 한쪽의 골절도 포함한다. 엄지발가락 첫마디뼈의 기저나 첫째 발허리뼈 머리에서 발생할 수 있다). 이런 상황은 모두 응급 수술이 필요하다. 3등급 잔디 발가락에서 회복 중인 운동선수는 방향을 바꾸고 달릴 때 통증이 없을 때가 되어서 운동에 복귀해야 한다.

급성 3등급 잔디 발가락의 경우 뼈와 인대 손상을 치료하기 위해 수술이 필요할 수 있다. 지속적인 발가락 약화, 관절 통증, 만성 관절 윤활막염(관절 주위의 막에 생기는 염증), 관절염 등 잔디 발가락의 초기 손상으로 발생하는 문제를 치료할 때 수술을 고려하는 경우도 있다.

「 달릴 때의 통증 : 정강이 부목 」

콘크리트처럼 딱딱한 바닥에서 달리거나 조깅을 하면 아랫다리, 발목, 발에 심각한 스트레스가 발생한다. 정강뼈 앞쪽의 근육 부착 부분과 연결조직은 손상이 잦으며, '정강이 부목'이라는 이름의 상태를 유발한다. 정강이 부목은 부적절하게 훈련하거나(불충분한 스트레칭이나 준비운동 혹은 너무 빠르거나 너무 많이 운동하는 경우), 경사면에서 달리거나(오르막이나 내리막을 달리거나, 지나치게 내전된 발로 인해 사다리꼴 형태로 뛰는 경우) 혹은 낡거나 맞지 않는 운동화를 신고 달리거나 조깅을 하는 사람들에게 잘 발생한다. 정강이 부목을 유발하기 쉬운 다른 원인으로는 편평발, 바깥쪽으로 돌아간 엉덩이(밭장다리. 13장 참고) 혹은 안쪽으로 비틀린 정강뼈(정강뼈 안쪽 비틀림. 13장 참고)가 있다. 정강이 부목의 증상은 달리기 시작하고 처음 몇 분 동안 아랫다리 앞쪽 전체에 통증이 일어나면서 점점 심해진다. 흔히 정강이 부목의 초기 단계라면 계속 달리는 사이에 통증이 가라앉는다. 그러나 상태가 진행되면 달리는 동안에도 통증이 지속되며, 통증 발생 시간이 길어지고 강도도 심해진다.

정강이 부목은 전방과 후방 두 종류로 나뉘며 원인과 증상이 서로 다르다. 앞정강이 부목은 정강뼈 앞쪽 발목에서 5~10센티미터 위의 부위에서 누르는 듯한 통증을 유발한다. 이 자리는 정강뼈에서 앞정강 근육의 힘살^{근복}(muscle belly)이 시작되는 곳이다. 뒤꿈치 힘줄^{아킬레스 힘줄}이 팽팽한 사람들의 경우에는 보행 주기에서 앞쪽 정강뼈 힘줄과 연결된 근육이 발을 땅에서 완전히 떼게 하려면 노력과 시간이 더 많이 필요하다. 내리막을 뛸 때도 발로 땅을 치는 순간에 발의 속도를 줄이는 시간이 더 오래 걸린다. 게다가 선천적이든 손상에 의해서든 이 앞쪽 근육과 힘줄이 약하다면 뒤꿈치가 바닥을 치기 시작해서 발 전체가 바닥면에 접촉하는 과정(1장 참고)을 제어하는 능력이 떨어진다. 결국 발로 땅을 살짝 때리는 정도에 그치고 만다. 달리기나 조깅을 할 때처럼 발이 내리막에서 반복적으로 빠르고 강한 동작을 할 때 앞정강 근육 속과 근육이 뼈에 부착된 위치에서 미세한 파열이 발생한다.

뒤정강 부목은 아랫다리 속에서 압통을 일으키는데, 이는 정강뼈의 뒤쪽 융기 부위와 관련이 있다. 이 증상은 편평발의 상태가 심한 사람에게서 흔하게 나타난다(5장). 다리 속의 근육이 발 정렬 상태를 적절하게 유지하려고 지나친 힘을 사용하기 때문이다. 시간이 지나면서 손상된 근육은 염증을 일으킨다.

정강이 부목에 대한 치료는 달리기나 조깅의 빈도와 강도를 줄이면서 시작한다. 운동을 계속하는 것은 괜찮지만 가볍게 하는 것이 좋다. 운동 후에 얼음을 대거나, 압통 등의 통증을 줄이기 위해 비스테로이드성 소염제를 이용할 수 있다. 통증이 진정된 뒤에는 아랫다리와 발목 근육을 강화하고 발목의 균형과 협응을 개선하는 데 중점을 둔다. 완전히 회복하려면 6주가 걸리며 그동안 수영이나 자전거 타기로 근력을 유지하는 것이 좋다. 손상 전 수준의 활동으로 돌아가는 것은 점진적으로 이루어져야 한다. 맞춤 교정기는 발을 안정화하고 편평발의 내전 정도를 줄여 근육에 가해지는 비정상적인 압박을 완화한다. 달리기를 다시 시작할 때는 증상이 완전히 사라질 때까지 발목 고정기를 착용하면 지지력을 더 얻을 수 있다.

┌ 접질린 발목 : 발목 염좌^삠 ┐

발목 염좌는 발목을 지지하는 인대가 갑작스러운 힘이나 비트는 행위에 의해 손상을 입을 때 발생한다. 인대가 늘어나는 경우도 있고, 아니면 부분적이거나 전체적으로 찢어질 수도^{파열} 있다. 발목 염좌는 손상을 입은 인대의 종류에 따라 몇 가지 범주로 나뉜다. 바깥쪽 혹은 가쪽 염좌가 가장 흔하고, 높은 쪽과 안쪽 발목 염좌는 발생 빈도가 비교적 낮다. 높은 쪽 발목 염좌는 두 개의 아랫다리뼈 사이에 있는 인대와 연관이 있다.

정상적인 발목의 운동 범위가 아주 넓다는 점에서 발목이 얼마나 복잡한 구조로 이루어져 있을지 짐작할 수 있다. 발목의 뼈는 발목뼈^{목말뼈}, 아랫다리뼈인 정강뼈와 종아리뼈(1장의 그림 1.3)의 세 개로 구성된다. 인대, 관절주머니, 힘줄이 발목 관절을 지나면서 주변의 구성요소들이 제자리에 단단하게 고정된다. 인대는 두 개의 뼈를 연결하고 힘줄을 제자리에 유지하며 관절의 안정화를 돕는다. 인대는 발목 관절의 앞뒤와 안팎에 자리를 잡고 있다. 또한 정강뼈와 종아리뼈도 연결한다. 이처럼 인대에 의해 연결된 상태를 '인대결합(syndesmosis)'이라고 부른다.

　일반적으로 사람은 관절주머니와 인대의 물리적인 한계를 초과하는 수준까지 발을 안이나 밖으로 비틀면서 발목을 접질린다. 안쪽 비틀림 혹은 내번은 발바닥이 몸의 중심선을 향하고 체중이 발목 바깥쪽에 실려 가쪽 발목 삠이 발생한 상태를 말한다. 바깥쪽 비틀림 혹은 외번은 발바닥이 몸의 중심선에서 먼 쪽을 향하고 체중이 발목 안쪽에 실리면서 발생하는 내측 발목 삠을 뜻한다. 이로 인해 접촉 스포츠(선수들이 신체적인 접촉을 하는 스포츠)에 참여하는 사람에게 발목 삠이 생길 위험이 높다. 이 손상은 결합된 인대에 문제가 생기는 것으로, 한 선수가 다른 선수의 뒤꿈치 쪽으로 넘어지면서 발이 바깥쪽으로 뒤집힐 때(외번) 발생한다. 발목 염좌의 선행 요인으로는 근육 긴장도 약화, 아치가 높은 발, 발목 불안정, 선수의 저조한 컨디션, 외상 사고, 비만, 균형이나 협응 부족 등이 있다.

　간혹 처음 발목을 삘 때 '딱' 혹은 '툭' 하는 소리를 듣는 사람들도 있다. 관련 조직 주위에서 부기와 통증이 생기고 발목을 움직이려면 고통이 심해진다. 손상된 인대 위로 멍 자국이 생기면 발가락까지 번지기도 한다. 대부분 발목을 삐어 통증이 있는 상태에서도 걸을 수 있고 적어도 절뚝거릴 수는 있다. 발목을 딛고 걷지 못하면 뼈가 부러졌을 가능성이 높다(사실 발목 골절 상태에서 걸을 수 있는 사람도 많다).

족부 전문의는 발목 염좌를 진찰하면서 힘줄, 다섯째 발허리뼈, 발 세모뼈(12장), 연골, 발꿈치뼈 등 다른 발목 구조의 손상이 있는지 확인한다. 발의 뼈나 다른 관절의 손상이 의심스러우면 X선을 찍는다. 일반적으로 MRI는 발목을 삔 이후 만성 통증이 있을 때만 필요하다. 발목 염좌를 즉각적으로 치료하려면 휴식과 얼음찜질, 발목 위치 높이기, 비스테로이드성 소염제 복용, 그리고 가능하면 발목 고정기 착용 등의 방법을 이용하고 부기 조절을 위해 에이스 붕대를 활용할 수도 있다. 족부 전문의는 발목 염좌라는 진단을 내리면 참을 수 있을 만큼만 빠르게 발목과 발을 살며시 움직여 보게 할 것이다. 이 방법은 부기를 완화하고 관절 속에 있을지도 모르는 흉터 조직을 최소화하는 데 도움이 된다.

특히 운동선수의 치료는 장기적으로 계획하는데, 그 목표는 손상 이전의 수준으로 근력, 유연성, 지구력을 회복하는 것이다. 그러나 재발의 가능성을 줄이는 것도 그 못지않게 중요하다. 발목 염좌는 발목의 역학적이고 기능적인 불안정성이 오래 지속되므로 재발이 잦다. 역학적인 불안정성이란 인대 같은 조직은 장기적인 치유가 가능하다는 말과 같다. 발목은 흔히 손상되기 이전보다 더 불안정해질 수 있는데, 이를 '발목 가쪽 불안정성(lateral ankle instability)'이라고 한다. 이런 불안정성 때문에 운동을 하거나 평탄하지 않은 땅을 걸을 때 손상이나 염좌가 재발하기 쉽게 만든다. 기능적인 불안정성은 콕 집어 말하기가 더 어렵다. 이것은 고유감각수용기, 곧 발목과 발 같은 신체 부위의 자세를 감지할 수 있는 신경 신호를 받아들이는 방식과 연관이 있다. 고유감각수용기는 두뇌에 발이 항상 어떤 자세를 하고 있는지를 뇌에 전달하지만 발목 염좌가 이런 신경 경로를 방해할 수 있다. 따라서 발목 손상 이후에는 자율적인 자세 감각 신호가 지연되거나 감소해서 신체가 발목 염좌 재발에 저항하는 것을 더 힘들게 만든다. 따라서 발목 염좌 이후 회복 치료의 목표는 근육 강화와 균형감 훈련을 위한 프로그램을 바탕으로 역학적이면서도 기능적인 불안정성을 줄이는 것이다. 따라서 발목 염좌에서 회복 중인 환자는 족부 전문의 외에도 공인 선수 트레이너나 물리치료사 같은 다른 전문가들의 조언도 들을 필요가 있다.

「 가느다란 금 : 스트레스 골절 」

뼈에 스트레스가 반복되면 '스트레스 골절(stress fracture)'이라는 가느다란 금이 생긴다. 스트레스 골절은 뼈가 결함을 가지고 있어서 정상적인 하중을 견디지 못하는 '불완전 골절(insufficiency fracture)'이나 정상적인 뼈가 비정상적인 스트레스를 받는 '피로 골절(fatigue fracture)'로 나뉜다. 뼈는 살아 있는 조직이다. 적응성이 높아서 오래된 뼈를 제거하고 새로운 뼈를 형성하면서 스스로 개조한다. 외적인 압박과 스트레스에 저항하여 적응하고 강화하는 것이다. 하지만 뼈의 개조에는 시간이 필요하므로 스트레스가 서서히 가해져야 한다. 지나친 스트레스를 받거나 개조 능력이 불완전하면 스트레스 골절이 생긴다. 아랫다리에서 스트레스 골절이 가장 자주 일어나는 위치는 정강뼈(아랫다리뼈 중 하나), 발허리뼈(앞발부 뼈 중 하나), 발꿈치뼈, 발배뼈(중발부 뼈 중 하나)이다.

스트레스 골절에 노출될 위험이 있는 사람은 육상선수를 비롯하여 딱딱한 바닥에서 뛰거나 경기하는 선수들, 아마추어 선수들, 지나치거나 부적절한(스트레칭이나 준비운동이 불충분하거나 운동의 강도, 거리, 시간이 급속하게 증가하는 경우) 훈련을 받는 선수와 훈련병이다. 발레 무용수는 특히 종자뼈와 둘째 발허리뼈 머리에, 육상선수와 기타 선수들은 정강뼈에 스트레스 골절이 생기기 쉽다. 스트레스 골절을 일으키는 다른 원인으로는 노화, 운동에 맞지 않는 신발, 아치가 높은 발, 편평발, 건막류, 발의 비정상적인 역학, 영양적이거나 대사적인 결핍 혹은 비정상적인 결핍, 뼈엉성증^{골다공증}, 말초신경병증(근육약화, 통증, 마비 혹은 균형과 고유감각수용기의 부족으로 이어질 수 있는 신경퇴행 증상) 등이 있다. 게다가 사춘기 전의 여아와 생리 불순이 있는 여성은 에스트로겐과 프로게스테론 호르몬 수치의 변화로 스트레스 골절에 민감하다. 이 호르몬들은 뼈 밀도와 뼈 형성에 영향을 미쳐 여성들이 뼈엉성증과 뼈 밀도에 취약하게 만든다.

스트레스 골절을 입은 운동선수는 운동의 강도, 빈도, 시간에 있어서 동시다발적인 변화를 느낀다. 이런 상태는 며칠에 걸쳐서 혹은 단 한 번의 운동으로 알 수 있다. 훈련 장소의 바닥 상태나 신는 신발이 달라져도 변화를 느낄 수 있다. 스트레스 골절의 통증은 주로 운동이 끝나갈 무렵에 둔한 통증으로 시작된다. 통증의 강도는 며칠에 걸쳐 점점 심해져서 더는 뛰지 못할 지경에 이른다. 통증의 위치는 정확하게 집어낼 수는 없으며 스트레스 골절을 입은 뼈의 종류에 따라 달라진다. 발허리뼈 스트레스 골절의 통증은 주로 앞발부 위쪽에서 확산된다. 그 반면에 발배뼈 스트레스 골절은 중발부 위나 아치 속에서 애매모호한 불편함을 준다. 정강뼈 스트레스 골절의 경우에는 통증이 정강뼈의 골절 부위에 국한되며 정강이 부목과 구획 증후군(274쪽의 글상자 참고)의 통증과 유사하다. 발꿈치뼈 스트레스 골절은 주로 발꿈치 뒤와 아래에서 통증을 유발한다. 스트레스 골절이 있는 부위에는 부기, 발열, 발적이 흔히 발생하지만 멍은 나타나지 않는다.

스트레스 골절을 의심하고 족부 전문의를 찾아가면 X선을 찍게 된다. 이 골절은 실금에 불과하기 때문에 처음에는 스트레스 골절을 확인하기 어렵다. 골절이 실제로 있다면 2~3주 후에 다시 X선을 찍어야 드러난다. 뼈의 개조는 X선상에서 더 분명히 나타나는데, 정상적인 치유 과정의 하나인 애벌뼈^{가골}가 보이기 때문이다. 처음 찍은 X선에 나타나지 않더라도, 진찰과 환자의 병력을 바탕으로 골절이라는 진단을 받으면 곧바로 치료를 시작해야 한다. 뼈 스캔, MRI, CT 등 영상 기법을 이용한 다른 검사도 가능하다. 뼈 스캔과 MRI는 초기 상태의 스트레스 골절도 찾아내며, CT는 치유가 늦거나 어려운 상태를 확인하는 데 도움이 된다. 의사는, 뼈엉성증골다공증(뼈 밀도 감소)이나 뼈감소증골감소증(뼈 부피 감소) 같은 뼈의 결핍증이 의심되면 DEXA 스캔이라는 특수한 검사를 받아볼 것을 주문할 수 있다.

스트레스 골절의 치료는 골절이 발생한 장소와 상관없이 비슷하다. 먼저 통증을 유발하는 활동을 중단하는 것이 중요하다. 초기 치료에는 타이레놀, 얼음, 탄력 붕대나 압박 스타킹을 활용할 수 있다. 발배뼈 스트레스 골절은 6~8주 동안 석고붕대로 발을 고정하고 발에 체중을 싣지 말아야 한다. 발허리뼈 스트레스 골절은 4~6주간 CAM 워커나 수술용 신발을 신고 보호된 체중 부하 상태로 치료한다. 정강뼈 스트레스 골절은 아랫다리와 발에 보조기를 착용하면 도움이 되지만, 꼭 필요한 방법은 아니다. 발꿈치뼈 스트레스 골절은 보호된 체중 부하를 위해서는 CAM 워커, 비체중 부하를 위해서는 무릎 아래에 석고붕대를 하는 방법으로 치료한다. 스트레스 골절에서 회복되는 동안 일정한 활동을 계속할 수 있다. 정강뼈 스트레스 골절의 경우에는 자전거 타기나 수영, 발허리뼈 스트레스 골절은 수영이 안전하다. 그러나 골절이 발배뼈나 발목뼈에 발생했다면 수영은 적합하지 않다.

스트레스 골절에서 언급해야 할 기타 원인으로 영양, 호르몬, 대사 불균형, 섭식 장애, 생리 불순 등이 있다. 이런 이유로 의사가 칼슘 보충제와 멀티비타민을 복용하라는 조언을 할 수도 있다. 장기적으로는 자세와 발의 역학을 조절하기 위해 맞춤 교정기를 착

운동 중에 발생하는 구획 증후군

가끔 달리거나 운동을 할 때 다리 근육 속의 닫힌 공간 안에서 비정상적인 압력이 발생한다. '운동 유발성 구획 증후군(exertional compartment syndrome)'이라고 불리는 이 상태는 마비, 영향을 받은 근육의 약화뿐만 아니라 정강이 부목의 경우와 비슷한 통증을 유발한다. 운동을 멈추면 비정상적인 압력이 정상으로 돌아온다. 그러나 압박이 심해지면 근육, 혈관, 신경이 손상을 입을 수 있다. 최고의 방법은 통증이 있을 때 몸의 소리에 귀를 기울여 운동을 중단하는 것이다. 운동 중에 아랫다리의 앞이나 뒤쪽에서 계속 통증이 느껴진다면 영향을 받은 구획에 있는 근막을 풀어 주거나 자르는 수술을 받을 수도 있다. 다른 운동을 찾아보는 것도 한 가지 방법이다.

용하면 도움이 된다. 영향을 받은 뼈의 통증이 사라지면 서서히 운동을 재개해도 된다.

┌ 부러진 뼈 : 완전 골절 ┐

완전 골절은 운동과 스포츠뿐만 아니라 일상생활을 하는 중에도 발과 발목에서 비교적 흔하게 발생한다. 발 뼈의 골절은 신체 전체 골절 중 약 10퍼센트를 차지한다. 전형적으로 발과 발목의 뼈들은 그 위치와 손상 과정에 따라 제각각 다른 골절 양상을 나타낸다. 다양한 원인에 따라 적절한 치료법도 다르다. 더욱이, 부러진 뼈의 원인, 증상, 치료는 어린이와 어른에 따라서도 달라진다. 어린이의 뼈는 쉽게 부러진다. 미성숙한 뼈는 성장판(성장을 위해 뼈세포를 생성하는 연골의 부위)이 열려 있다. 어린이의 힘줄과 인대는 뼈, 연골, 성장판보다 더 강하다. 따라서 비틀리고 돌아가는 자세가 어른에게 인대 염좌의 원인이 된다면 어린이에게는 골절을 일으킬 수 있다. 이런 이유들 때문에 발과 발목을 구성하는 각 뼈의 골절에 관해 이 책에서 자세하게 다루기가 어렵다. 그 대신 성인이나 어린이의 발이나 발목의 뼈를 골절에 이르게 하는 일반적인 배경을 소개하려고 한다.

뼈의 골절은 높은 위치에서 떨어지거나, 연석이나 계단에서 헛디디거나, 발이나 발목에 물건을 떨어뜨리거나(둔기 외상), 운동이나 경기를 하면서 발과 발목을 지나치게 사용하거나, 자동차나 스키 사고 같은 고속에 의한 손상을 입을 때 발생한다. 때로는 짓누르거나 휘거나 비틀거나 찌르는 손상으로도 발생한다. 발과 발목의 골절 위험을 높이는 원인으로, 뼈 무기질 밀도 감소, 비만, 직업상의 요구와 필요, 고강도 스포츠 참여, 말초신경병증(10장) 등을 들수 있다.

발과 발목 골절의 일반적인 증상은 발적, 멍, 부기, 발열, 통증이며, 뚜렷한 변형된 경우도 가끔 보인다. 대개 뼈가 부러진 발과 발목으로 몇 걸음 이상 걷는 것이 힘들지만 항상 그런 것은 아니다. 골절 상태에서도 계속 걸을 수 있는 사람들도 있기 때문이다.

발과 발목의 골절에 대한 진단은 조금 까다롭다. 발과 발목에

CHAPTER 14 운동선수와 운동 애호가의 발 손상

있는 많은 뼈가 X선상에서 겹쳐 있으므로 골절 선의 정확한 위치를 판단하기가 어렵기 때문이다. 일반적으로 족부 전문의는 두 발의 상태를 비교하기 위해 다른 발과 발목의 X선도 찍도록 한다. 어린이의 경우에는 뼈 끝의 열린 성장판도 골절을 분명하게 파악하기 어렵게 한다. 족부 전문의는 진단이 힘들다고 판단하면 MRI, CT, 뼈 스캔 등 다른 특수 영상 촬영법을 활용한다.

발이나 발목의 부러진 뼈에 대한 치료는 뼈마다 확연히 다르다. 또한 뼈의 골절 위치, 뼈의 위치 변화 여부, 환자의 의학적인 상태, 환자가 하루에 걷는 거리, 관련된 개방창이나 찢어진 상처의 존재 여부, 골절이 관절이나 성장판까지 확대되었는가에 따라 달라진다. 개방창과 동시에 발생한 골절은 관리가 시급하다. 손상이 일어난 지 6시간 안에 의사의 검진을 받는 것이 중요하다. 그 시간이 지나면 감염을 억제하면서 상처를 치료하고 봉합하기가 곤란해지기 때문이다. 정렬 상태가 바르고 전위가 없는 골절은 대체로 4~6주 동안 고정하는 방법으로 치료할 수 있다. 고정은 밑창이 딱딱한 신발이나 CAM 워커에서 무릎 아래에 석고나 섬유유리 붕대를 착용하고 목발로 지지하는 방법에 이르기까지 다양하다. 부러진 뼈가 정렬이 바르지 않거나 정상 자세에서 눈에 띄게 이동했을 때는 수술적인 교정과 재정렬이 필요하다.

성인이나 어린이의 발이나 발목뼈가 부러진 것 같은 의심이 들면 족부 전문의를 찾아가 확인해야 한다. 부러진 뼈를 적절하게 치료하지 않으면 뼈의 치유가 불가능해지거나, 치유 시간이 정상적보다 더 길어지거나, 부적절한 자세, 발 변형, 성장판 조기 폐쇄로 이어지거나, 혹여 관절이 영향을 받는 경우, 관절염까지 유발한다.

「 운동과 경기에 적합한 신발 」

운동선수는, 특히 일주일에 3시간 이상 운동을 한다면, 그 스포츠 전용 신발을 신어야 한다. 예를 들어, 규칙적으로 조깅을 하는 사람이나 육상선수는 다용도 운동화를 신으면 안 된다. 운동선수의 신발에 특화된, 평판이 좋은 매장에서 신발을 구입하기 바란다. 신던 신발을 매장으로 가져가서 직원으로 하여금 당신이 평소 신는 신발의 종류를 확인하고 적당한 신발을 추천해 달라고 하자. 그렇게 하면 매장 직원이 당신이 그동안 신었던 신발의 유형을 파악하는 데 도움이 된다. 새 신발을 구입할 때는 평소 운동을 할 때 신는 양말을 신고 가기 바란다. 아치가 높거나 휘어 있는^{요족} 발의 경우에는 완충과 충격 흡수가 가능한 신발을, 아치가 거의 없는 발이나 편평발의 경우에는 움직임을 제어할 수 있는 신발을 찾는 것이 좋다. 신발 제조업체는 다양한 종류의 신발을 제작하며, 그 가운데에는 지나친 내전^{편평발}을 조절할 수 있는 신발 골이 있는데, 이런 신발을 직선골 신발이라고 부른다('골[ast]'은 신발의 전체적인 형태를 뜻한다. 3장 참고).

두말할 필요 없는 이야기지만, 경기가 있는 날에는 새 신발을 신지 않기 바란다. 또한, 신발의 상태도 잘 살피자. 신발과 밑창에서 마모의 흔적이 분명하게 나타나지 않더라도 충격 흡수 기능이 제대로 작용하지 않을 가능성이 얼마든지 있다. 예를 들어, 러닝화의 수명은 550~800킬로미터 정도이다.

CHAPTER 15

당뇨병 환자를 위한
발 건강법

당뇨병은 현재 완치가 어려운 심각한 질병으로, 인체 세포가 에너지원인 당분을 제대로 흡수하지 못하는 상태를 일컫는다. 이렇게 흡수되지 못한 당분이 혈액 속에 쌓이면서 신경 손상, 혈액순환 장애, 피부 약화 같은 수많은 합병증이 발생한다. 당뇨병은 미국 인구의 8퍼센트에 육박하는 2300만 명의 어린이와 어른에게 영향을 주고 있다. 해마다 당뇨병 진단을 받는 20세 이상의 성인이 160만 명에 달한다. 게다가 당뇨병을 앓는 인구의 약 4분의 1은 자신의 상태를 인지하지 못하고 있다. 이 통계는 미국당뇨병협회에서 2007년을 기준으로 취합한 결과다.

당뇨병은 치료할 수 없다고는 해도 관리할 수는 있다. 그러나 당뇨병 환자들은 자신의 병을 통제하고 전체적인 건강을 유지하는 데 항상 주의를 기울여야 한다. 이 장에서는 아랫다리, 그 가운데에서도 특히 발의 건강이 중요한 이유들을 소개할 것이다. 그에 앞서 당뇨병에 관해 자세하게 살펴보고, 이어서 당뇨병 환자가 발에 관심을 기울여야 하는 까닭을 짚어 보려고 한다. 마지막으로, 당뇨병 환자가 발 건강을 지키고, 다른 사람 못지않은 충만한 삶을 누리기 위해 지켜야 할 예방법을 간략히 알아볼 것이다.

「 당뇨병이란 무엇일까 」

우리가 음식을 먹으면 인체는 음식을 소화하고 그것을 몇 가지의 기본 성분으로 전환한다. 그 가운데 하나가 바로 당이다. 당은 신체가 연료 혹은 에너지를 얻기 위해 필요한 포도당 형태로 혈액 속으로 들어간다. 그러면 인체는 췌장에서 정상적으로 분비되는 인슐린이라는 호르몬을 이용해서 포도당을 에너지로 전환한다. 그런데 췌장이 인슐린을 생성할 수 없거나 인체가 인슐린을 이용하지 못하면 혈중 포도당의 농도가 지나치게 높아진다. 이런 상황에 있는 사람을 당뇨병 환자라고 한다. 당뇨병에는 다음 두 가지의 종류가 있다.

- **제1형 당뇨:** 유전되며, 아동기에 가장 많이 발견되기 때문에 '소아 당뇨'라고 도 한다. 췌장의 인슐린 생성 세포가 파괴되어 인슐린이 분비되지 않는다. 이 유형의 당뇨병 환자는 외부 인슐린으로 상태를 조절한다. 외부 인슐린 주입

은 주사나 인슐린 펌프를 이용한다.

- **제2형 당뇨:** 제1형 당뇨보다 더 흔하게 나타나며 일반적으로 성인기에 발견된다. 췌장이 인슐린을 충분히 분비하지 못하거나 분비된 인슐린을 인체가 이용하지 못할 때(이를 인슐린 저항이라고 한다) 발생한다. 이 유형의 당뇨병을 앓는 사람들은 대부분 경구용 약물, 의학적인 관리, 식단 조절, 운동 등으로 상태를 조절한다. 노화, 비만, 나쁜 식습관을 비롯한 많은 원인이 이 제2형 당뇨를 유발한다.

당뇨병은 잘 관리되는 상황에서도 여러 가지 의학적인 문제를 일으킬 위험이 크다. 그러므로 당뇨병을 관리하지 않거나 제대로 관리하지 못하여 오랜 기간 혈당이 상승하거나 기복이 심한 사람은 매우 위험할 수밖에 없다. 당뇨병이 부르는 문제는 피부, 신경, 신장, 눈, 혈관 등 중요한 장기의 손상이다. 면역계가 제 기능을 잃으면서 감염에 대한 인체의 저항력도 떨어진다. 그뿐만 아니라, 당뇨병은 심장병과 뇌졸중으로 이어질 수도 있다. 당뇨병을 앓는 시간이 길어질수록 그런 문제들이 발생할 확률도 커진다. 다만 60대 이상의 늦은 연령에 진단을 받은 사람들은 엄격하게 관리하기만 한다면 대체로 추가적인 합병증에 노출되지 않는다.

「 왜 발에 관심을 가져야 하는가 」

당뇨병은 인체의 혈액순환에 영향을 준다. 따라서 신경과 조직에 충분한 혈액이 공급되지 않는다. 특히 신체의 끝 부분인 팔다리의 신경과 조직은 더 심각하다. 손상된 신경은 다리와 발의 감각을 떨어뜨리고 피부 손상의 위험을 높인다. 겉보기에 가벼운 찰과상도 감염이 되어 심각한 합병증을 부를 수 있다. 당뇨병이 면역계에도 영향을 주기 때문이다. 게다가 신경과 조직의 손상은 시간이 흐르는 동안 발의 모양과 기능에 변화를 줄 수도 있다. 실제로 아랫다리에 발생하는 합병증은 당뇨병으로 인해 병원을 찾게 되는 가장 큰 이유이다. 당뇨병은 비외상성 다리 절단 수술을 받는 주요한 원인이기도 하다.

혈액순환

당뇨병은 다리와 발의 혈액순환에 문제를 일으키는데, 이런 상태를 '말초 혈관병(peripheral vascular disease)'이라고 한다. 당뇨병에 고혈압, 흡연 혹은 고농도 혈중 콜레스테롤과 지방까지 가세하면 혈관 수축을 일으킨다. 수축된 혈관은 주로 동맥에 영향을 준다. 이 동맥의 역할은 혈액을 심장에서 먼 곳까지 운반하여 말초 조직으로 공급하는 것이다. 따라서 혈액순환이 원활하지 않으면 동맥은 산소와 영양소를 다리와 발로 제대로 공급하지 못하게 되고, 결국 그 부분의 조직이 건강하게 유지될 수가 없다. 혈액이 발로 충분히 흘러가지 못하면 통증, 발과 다리의 경련, 부기, 발적, 피부 건조, 궤양, 발톱 비후, 피로감 등의 증상이 나타난다. 당뇨병 환자는 운동을 규칙적으로 하고 혈당을 조절하는 방법으로 말초 혈관병에 걸릴 가능성을 줄일 수 있다.

신경

지속적으로 증가하는 혈당은 '신경병증(neuropathy)'이라는 신경 손상을 일으킨다. 아직까지 신경이 어떻게 손상되는지 정확하게 알려진 것은 없다. 많은 이론이 있지만 가장 큰 원인으로 혈액순환을 꼽는다. 손상된 혈관은 산소와 영양소를 신경으로 전달하기 어렵다. 신경 손상의 위험은 나이가 많고 당뇨병을 앓은 기간이 길어질수록 커진다. 신경병증의 종류는 네 가지로, 말초, 자율, 근위, 국소 신경병이다. '말초신경병증'은 손, 팔, 발, 다리의 감각신경과 운동신경에 영향을 준다. 감각신경은 통증과 온도뿐만 아니라 고유수용감각(신체의 자세에 대해 느끼는 개인의 감각)과 균형 감각을 뇌로 전달한다. 운동신경은 근육과 운동을 제어한다. '자율신경병증(autonomic neuropathy)'은 심장, 방광, 폐, 위장, 내장, 성기, 땀샘, 눈, 혈관에 관여한다. '근위 신경병증^{몸쪽 신경병증}(proximal neuropathy)'은 넓다리와 엉덩이에서 통증을 일으킨다. '국소 신경병증^{홑신경병증}(focal neuropathy)'은 몸속의 모든 홑 신경에서 발생한다. 일반적으로 영향을 받은 신경과 연관된 부위가 갑자기 약해지고 심한 통증을 일으킨다.

발과 아랫다리는 주로 말초신경병증의 영향을 받는다. 그 결과, 팔, 손, 다리, 발의 감각이 서서히 사라진다. 일반적으로, 감각의 상실은 양발과 양다리의 같은 부위에서 발생한다. 말초신경병증을 앓는 사람은 통증과 온도를 느끼지 못하기 때문에 발과 다리를 다친 사실도 모르고 지나간다. 마비, 따끔거리거나 무디거나 얼얼한 통증, 전격 통증(욱신거리고 쑤시는 통증), 화끈거림, 허약해진 것 같은 기분 등 다양한 감각을 느낄 수도 있다. 근육은 신경 기능을 잃으면 더 쇠약해지거나 위축된다. 그러고는 근육 불균형, 관절 불안정, 관절 경직, 발 변형으로 이어진다. 발이 변형되면 흔히 뼈가 튀어나온다. 돌출된 뼈는 신발을 신거나 침대, 의자, 휠체어를 이용할 때 압력, 마찰, 전단력에 민감해진다. 감각을 잃으면서 발의 압박 부위가 넓어지면 개방창이나 궤양이 발생할 위험이 커진다. 끔찍한 이야기지만, 당뇨병 환자의 다리와 발에 궤양이 생기면 으레 절단하는 방법을 고려한다. 궤양에 관해서는 이 장의 뒷부분에서 소개하는 피부 관련 내용에서 더 자세하게 이야기할 것이다.

말초신경병증이 발생하면 '샤르코 신경 관절병'이라는 퇴행성 상태로 발전할 가능성이 높다. 이 병증은 발과 관절에 영향을 주며 인대, 연골, 뼈를 점진적으로 손상시킨다. 신경 관절병 자체는 천천히 진행되지만 발의 뼈와 관절이 갑자기 부서지거나 금이 가거나 위치가 바뀌는 현상이 일어난다. 이 손상은 흔히 일상에서 걷는 것 이외의 외상이 없는 상황에서도 매우 빠르게 발생한다. 발이 이 병증을 띠기 시작하면 피부가 붉어지고 열이 나고 부어

PART 3 특별한 발 문제를 가진 사람들

급성 감염이나 연조직염(피부 밑 감염)처럼 보인다. 발을 3개월까지 고정하는 방법으로 발 빠르게 치료를 한다면 발의 형태와 조직을 보존할 수 있다. 그러나 이런 상태에서 발에 계속 체중을 실으면 뼈가 갈라지거나 부서지고 관절이 제 위치를 벗어나면서 눈에 띄는 변형이 일어난다. 또한 아치가 무너져 '흔들의자 바닥모양 발(rocker bottom foot)'이 되면서 뼈가 쉽게 돌출된다. 이렇게 돌출된 뼈는 비정상적이고 지나친 힘에 민감하므로 궤양과 감염을 일으킬 위험성이 높다.

피부와 감염

피부는 인체의 최전선을 담당하는 방어막으로, 외부의 압력에서 몸을 보호하고 박테리아의 침입을 막는다. 또한 피부 밑의 혈관과 신경은 몸을 건강하게 유지하는 데 중요한 역할을 한다. 당뇨병은 정상적으로 피부에 영양을 공급하는 작은 혈관들을 손상시킨다. 이로 인해 피부가 건조하고 갈라지면서 박테리아가 침범할 수 있는 완벽한 길이 만들어진다. 박테리아가 피부 층을 더 깊이 뚫고 들어가면 '연조직염(cellulitis)'이라는 가벼운 감염이 일어날 수 있다. 연조직염이 발생한 피부는 붉어지고 열이 나고 붓고 약해진다. 치료는 중증도에 따라 달라지지만, 주로 경구용 항생제를 투여하거나, 감염된 부위의 위치를 높여 주거나, 부기 조절을 위해 에이스 붕대로 압박하는 방법으로 이루어진다. 피부 속의 작은 혈관이 손상을 입으면 발과 다리에 갈색 점이나 흉터가 발생하기도 하는데,

이를 '당뇨성 피부병(diabetic dermopathy)'이라고 한다. 이 상태는 미용적인 면에서 문제가 된다. 피부와 발톱의 곰팡이 감염도 면역계가 약한 당뇨병 환자들에게 더 잘 발생한다(곰팡이 감염 치료에 관한 정보는 6장 참고).

피부와 관련해서 당뇨병 환자에게 중요한 문제는 궤양이다. 발의 경우, 궤양은 반복적이고 만성적인 압박이나 마찰에 예민한 뼈 돌출 부위에서 가장 자주 발생한다. 상처는 깊이에 따라 상태가 다양해진다. 피부 층을 뚫지 않는 얕은 궤양에서 피부 밑층의 연조직, 근육, 심지어는 뼈에까지 침범하는 깊은 궤양도 있다. 궤양은 개방창으로 나타날 수도, 그렇지 않을 수도 있다. 예를 들어, 그

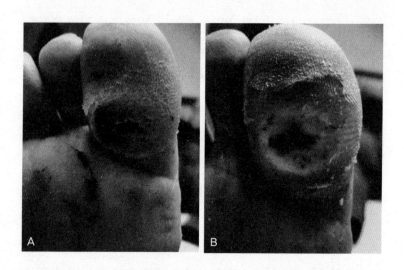

그림 15.1 (A) 굳은살 속에 검붉은 피가 말라붙어 있으면 숨은 문제가 없는지 의심해야 한다. (B) 굳은살의 겉면을 잘라내면 숨어 있던 궤양이 드러난다.

림 15.1에서 보는 것처럼 얇고 깊은 궤양 모두 굳은살, 티눈, 수포 밑에 숨어서 발생하기도 한다.

궤양의 초기 발견과 적절한 치료는 피부를 치유하는 데 관건이다. 치료의 목표는 감염이 진행되기 전에 최대한 빨리 상처를 아물게 하는 것이다. 족부 전문의를 비롯한 의사가 하는 일이지만, 상처를 적절하게 치료하려면 궤양 부위를 절개해서 오염된 조직을 제거하고 출혈을 자극해야 한다. 혈액은 궤양 부위에 산소와 영양소를 공급하여 상처 치유에 꼭 필요한 생물학적 물질을 분비하도록 촉진한다. 압박이나 마찰을 일으키는 모든 요소는 상처 치유를 방해하고 악화하며 더 깊은 침투와 감염을 유발하므로 완전히 없애야 한다. 족부 전문의는 궤양 자체를 치료하는 것 외에도 혈당, 영양소, 혈액순환, 발의 감각, 과도한 압박을 받는 원인이 되는 발의 이상 유무도 살펴본다. 실제로 이와 관련된 모든 문제에 있어서 영양의학 전문의, 내분비내과 전문의(호르몬을 비롯한 혈액 운반 물질 분야를 다룬다), 혈관외과 전문의(혈관과 혈액순환으로 인한 문제를 진단하고 치료한다) 등 다른 전문가의 조언이 필요할 수 있다.

궤양을 치료하지 않고 방치하면 박테리아가 피부와 연조직에 침투하면서 감염이 진행된다. 감염의 징후는 심한 발적, 붉은 줄무늬, 부기, 발열, 통증, 고름 등이다. 당뇨병 환자가 발 감염이 의심되면 즉시 족부 전문의를 만나야 한다. 치료는 감염의 중증도에 따라 달라진다. 감염이 더 깊은 연조직이나 뼈까지 번진 경우에는 수술로 고름을 빼내고, 괴사하거나 감염된 조직을 제거하고, 가끔은 절단도 한다. 족부 전문의는 환자가 감염에 저항할 수 있도록 상처 조직에서 자라는 특정한 박테리아를 표적으로 하는 항생제를 처방한다. 이때 영향을 받은 조직을 떼어내어 실험실에서 배양을 하는 방법으로 박테리아의 종류를 확인할 수 있다. 항생제를 복용하는 기간은 감염의 깊이와 범위로 결정된다.

「 예방이 최고의 약 」

당뇨병 환자에게는 몸을 잘 관리할 뿐만 아니라 건강을 침해하는 문제를 최대한 예방하는 것이 최선이다. 효과적인 예방을 위해서는 먼저 1차 진료 의사와 가족 주치의를 정해야 한다. 내분비내과 전문의, 족부 전문의, 안과 전문의 등 다른 전문가들의 검진도 정기적으로 받는 것이 좋다. 이상적으로는 영양의학 전문의와 상담하는 것도 필요하지만, 정기적인 검진이 불가능하다면 적어도 초기 진료 정도는 받아보는 것이 좋다. 당뇨병 환자는 기본 수칙을 반드시 지켜야 한다. 1차 진료 의사의 검진을 정기적으로 받으면서 혈당을 철저하게 조절하고, 처방받은 약을 정확하게 복용하고, 건강에 좋은 음식을 먹고, 흡연을 삼가고, 의사의 다른 지시가 없는 한 규칙적인 운동을 해야 한다. 운동은 뼈 건강을 개선하고, 혈액순환을 촉진하며, 혈당 수치를 안정 궤도에 올려놓는 데 도움이 된다.

당뇨병 진단을 받으면 즉시 족부 전문의와 상담해야 한다. 앞에서 간략하게 소개한 것처럼 발에서 발생할 수 있는 여러 합병증 때문이다. 족부 전문의는 환자의 병력을 검토하고 진찰을 한 다음 환자 개인에게 맞는 발 관리 계획을 세워준다. 일반적으로는 해마다 한 번 족부 전문의를 만나 검진을 받아야 한다. 물론 검진을 더 자주 받아야 하는 사람도 있다. 특히 앞에서 설명한 신경이나 혈관 관련 합병증이 발생할 위험이 있는 환자는 2~3개월마다 족부 전문의를 만나 발톱 손질이나 티눈과 굳은살 제거 등 예방 차원의 발 관리를 받아야 한다. 또한 매일 자신의 발을 살펴보고 피부, 발톱 혹은 발 모양에 변화가 있는지 꼭 확인할 필요가 있다. 이때 조금이라도 이상한 점이 있으면 족부 전문의나 1차 진료 의사에게 알려야 한다. 굳은살이나 사마귀가 종기 같은 더 심각한 문제를 감추는 경우가 가끔 있다.

당뇨병을 앓고 있는 사람에게는 적절한 위생과 피부 관리가 기본이다. 매일 순한 비누와 물로 발을 씻고 특히 발가락 사이의 상태에 관심을 기울여야 한다. 발가락 사이의 공간이 깨끗하지 않으면 각질이 쌓이고 곰팡이와 박테리아 감염이 발생하기 때문에 궤양으로 이어질 수 있다. 족욕은 바람직하지 않다. 피부 건조와 갈라짐이 더 심해져 감염의 위험을 부르기 때문이다. 매일 두 번씩 피부를 보습하되, 발가락 사이에는 로션을 바르지 말아야 한다. 이것이 곰팡이 감염이나 족부백선을 부추길 수 있다. 발톱은 곧게 깎거나 다듬는다. 양쪽 끝부분을 깊이 잘라내면 발톱이 안쪽으로 자랄 위험이 커지므로 조심한다. 발톱이 안쪽으로 자라면 곧바로 족부 전문의의 진료를 받아야 한다. 땀이 많아서 지나치게 습한 발에는 비의료용 발 파우더가 효과적이지만 발가락 사이에 파우더가 들러붙지 않게 해야 한다. 습한 발에는 발한억제제가 도움이 된다.

당뇨병 환자는 걸을 때 항상 신발을 신어야 한다. 맨발로 걸으면 발에 찔린 상처가 생기거나 작은 물체가 박히기 쉽고, 두 상황 모두 심각한 감염으로, 심지어는 절단으로 이어질 수 있다. 말초신경병을 앓고 있다면 강이나 호수에서, 심지어는 수영장에서도 수영할 때 신발을 신기 바란다.

족부 전문의는 말초신경병이나 혈액순환 장애 유무와 발 모양에 따라 환자에게 가장 적당한 신발 종류를 추천해 준다. 일반적으로 천연가죽처럼 부드러운 통기성 소재로 제작한 신발이 적당하다. 굽 높은 신발과 플라스틱 같은 합성소재로 만든 신발은 앞발부와 발가락에 비정상적인 압박을 가하므로 피해야 한다. 신발을 신기 전에는 피부에 상처를 줄 수 있는 부스러기, 튀어나온 솔기, 거친 부분이 없는지 항상 확인해야 한다. 습기를 흡수하는 솔기 없는 양말을 신고 지나친 열기와 냉기로부터 발을 보호하는 것이 좋다. 혈액순환 장애, 발 감각 상실, 현저한 발 변형, 궤양 병력이 있는 환자는 기성품이 아닌 특수 제작한 의료용 신발을 신어야 한다.

「 적당한 신발 : 의료용 신발 」

모든 사람이 발에 맞는 신발을 신어야 하지만, 특히 당뇨병이 있는 사람에게는 적당한 신발이 건강의 우선 요건이다. 발에 재발이 계속되는 특별한 문제가 있는 당뇨병 환자는 족부 전문의에게 병증에 맞는 의료용 신발에 관해 물어보는 것이 좋다. 의료용 신발은 의학 기구로 분류된다. 그래서 혈액순환 장애, 감각 상실, 관절 경직, 발에 가해지는 과도한 긴장, 절단 등 당뇨병의 영향을 고려하여 특별하게 제작한다. 당뇨병 환자는 발 감각이 점점 줄어들면서 잘 맞지 않는 신발을 신으면 반복적인 압박이나 마찰에 민감해진다. 의료용 신발을 신는 목적은 이처럼 발 조직이 입는 반복적인 외상을 줄이는 것이다. 16장에서 더 자세하게 다루겠지만, 의료용 신발은 신발 자체도 그렇지만 조절 가능한 안창이 특징이다. 의료용 신발과 조절성 안창 모두가 손상을 줄이고 기능을 개선하는 데 도움이 된다.

미국 정부는 1990년대 초에 당뇨병 환자의 궤양 예방에 초점을 맞춘 '의료용 신발 법안'을 도입했다. 이 법안은 당뇨병 환자가 다음 상황 중 적어도 한 가지에 해당하면 의료용 신발 비용의 일부를 지원받을 수 있도록 규정하고 있다. 발의 일부를 절단했거나, 궤양이나 궤양으로 이어지는 병변 혹은 발 변형, 혈액순환 장애, 감각 상실, 신경병증 등의 병력이 있는 경우이다. 이 가운데 한 가지 상태에 해당하고 내분비내과 전문의나 1차 진료 전문의의 포괄

그림 15.2 이런 의료용 신발은 기성품으로 이용할 수 있으며 열로 형태를 바꿀 수 있는 삽입물이 들어 있다. 이 삽입물은 발바닥 모양에 따라 조절이 가능하고 발바닥이 받는 압력을 덜어 준다.

적인 관리를 받고 있으면 자격이 된다. 의료용 신발은 족부 전문의가 처방한다.

의료용 신발은 크기별로 제작해서 판매하는 '심층화(extra-depth shoe, 그림 15.2)'와 개인의 발에 맞추어 수작업으로 제작하는 '맞춤화'(custom-made shoe, 그림 15.3)의 두 가지 종류가 있다. 일반적으로 맞춤화는 발의 감각을 완전히 잃거나 발이 심하게 변형된 사람에게

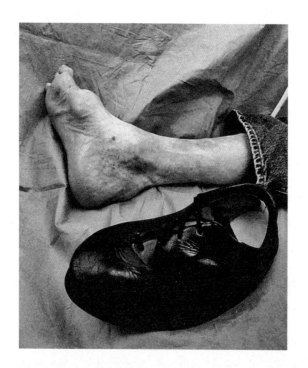

그림 15.3 조절 가능한 삽입물이 속에 든 맞춤 의료용 신발은 심각한 발 변형과 신경병증이 있는 이 당뇨병 환자가 15년 동안 궤양에 걸리지 않는 데 도움을 주었다.

적합하다. 의료용 신발의 품질은 전반적으로 비슷하다. 또한 무게가 가볍고 충격 흡수력이 뛰어나며 골(last)의 형태가 발 모양과 잘 맞는다. 습기와 열기를 줄이기 위해 갑피 부분의 통기성을 높이고 발에 더해지는 압박이나 마찰을 피하기 위해 내부 솔기를 없앴다. 패드를 덧댄 설포(발등 보호를 위해 갑피에 덧붙인 부분-옮긴이), 안정적인 뒤축, 앞발부 압력을 줄여 주는 '둥근 바닥'이 갖추어져 있다. 또한 안창에 깊이를 추가하거나 안창을 개조할 수 있다. 의료용 신발은 겉창과 중창 모두 갑피와 너비가 같아서 볼이 넓은 발로 인해 갑피가 튀어나오는 문제가 없다. 끈이나 벨크로를 가죽 소재에 부착하여 신발 몸체에 꿰매 붙이는 방식이 이상적이다. 이렇게 하면 발이 부어올라도 부드러운 갑피 부분이 팽팽한 끈이나 벨크로에 제약을 받지 않는다.

안과 의사가 안경과 관련된 서비스를 제공하듯이 많은 족부 전문의는 환자가 진료실에서 의료용 신발을 구입할 수 있도록 도와준다. 그게 아니면 전문 신발 매장이나 신발 교정 전문가 혹은 보조기 전문가로부터 의료용 신발을 구입할 수 있다. 신발이 잘 맞는지 확인하는 방법은 여느 신발을 신어 볼 때와 같다. 의료용 신발과 안창이 마모의 흔적이 있는지 정기적으로 확인하고 필요하면 교환한다. 미국에서는 '의료용 신발 법안'이 매년 신발 한 켤레와 당뇨병 전용 안창 세 켤레를 지원한다.

CHAPTER 16

발 문제를 덜어 주는
교정기구

많은 사람이 신발 하나로는 적절한 지지력, 안정성, 편안함을 충분히 얻지 못한다. 아마 기성품 신발이 충분한 지지력을 제공하지 못하는 발 모양을 가지고 있거나, 발 수술을 하고 나서 회복 중인 사람의 경우일 것이다. 이유야 어떻든 안창, 부목, 고정기 등 많은 기구로 지지력을 확보하고, 압력을 재분배하고, 발과 발목의 전반적인 기능을 개선할 수 있다. 이런 제품을 통틀어 교정기 혹은 보조기라고 한다. 이 기구들은 기성품으로 구입하거나 개인의 발에 맞는 제품을 주문할 수 있다. 우리는 지금까지 여러 장에 걸쳐 발의 이상을 비롯한 문제들에 관해 설명하면서 교정기가 유용한 치료법이 될 수 있다는 점을 자주 언급했다. 어떤 상황에서는, 특히 수술이 부적합한 사람에게는 교정기가 현실적으로 유일한 대안이다. 이 장에서는 두 가지 종류의 기본적인 교정기를 소개하려고 한다. 발 교정기와 발목-발 교정기는 각각 특정한 기능을 가지고 있다.

「 안창 이상의 역할 : 발 교정기 」

많은 사람이 발 교정기를 아치를 지지하는 고급 안창이라고 생각한다. 그러나 이 기구는 발 문제가 유발하는 증상을 완화하고, 발의 정렬 상태와 기능을 회복하게 해 준다. 잘 만든 교정기는 근육과 힘줄의 기능을 개선하고 발과 발목의 뼈를 지지하는 역할도 한다. 이처럼 발 교정기는 통증을 줄이거나, 안정성을 높이거나, 변형이나 나쁜 정렬 상태를 바로잡을 뿐만 아니라 스트레스를 최소화하거나, 충격을 흡수하거나, 균형을 맞추어 준다. 단순히 아치를 지지할 목적으로만 사용하는 기구가 아니라는 것이다. 발 교정기는 신발 내부 구조에 꼭 맞게 제작되는데, 뒤꿈치에서 발바닥을 지나 발볼 바로 뒤까지 이어져 있다. 특히 발바닥 통증이 있는 경우에는 발볼 밑이나 발가락 끝부분까지 확장되는 부드러운 소재를 교정기 위에 덧붙이기도 한다.

발 교정기는 기성품이나 맞춤으로 구입할 수 있다. 기성품은 가격이 적당하며, 증상이 약하고 변형 정도가 적은 사람에게 잘 맞는다. 필요에 따라 의사가 개조할 수도 있다. 그러나 발 이상이나 상태가 심각한 경우에는 맞춤 교정기를 구입하는 편이 더 낫다.

맞춤 교정기는 발바닥의 기복을 완벽하게 살려 발에 잘 맞는다. 또한 컴퓨터 스캔, 압축폼, 그리고 가장 흔하게 사용하는 석고본으로 얻은 발의 인상을 바탕으로 제작된다. 컴퓨터 스캔과 석고본으로 얻는 인상은 발 무게 부하, 부분 부하 혹은 비부하로, 압축폼은 부분이나 완전 부하로 이루어진다. 그림 16.1에서는 의사가 석고본을 이용하여 바람직한 자세의 발 인상을 얻는다.

컴퓨터 스캔, 폼 인상(foam impression) 혹은 석고본이 실험실로 보내지면, 그곳에서 발 모형을 만든다. 교정 전문가나 신발 교정사가 처방전을 바탕으로 교정기를 제작한다. 처방전에는 발의 생물학적 역학, 발과 발목의 운동 범위, 현재의 활동 범위와 희망하는 활동 범위가 적혀 있다.

발 인상을 만드는 방법은 모두 장단점이 있다. 컴퓨터 스캔과 폼 인상은 깔끔하고 빠르고 쉽다. 하지만 발을 바람직한 자세로

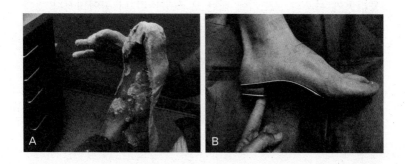

그림 16.1 (A) 발을 중립 자세로 고정하고 석고본을 뜨고 있다. (B) 석고본을 바탕으로 제작한 교정기가 발의 굴곡에 완벽하게 들어맞는다.

유지하는 통제력이 부족하다. 이렇게 완성된 교정기는 석고 인상의 경우만큼 정확하지 않을 수 있다. 석고본은 아치가 특히 높거나 낮은 발 등 특징이 있는 발이나 폼으로 자세를 고정하기 어려운 아주 유연한 발에 적당하다.

맞춤 교정기가 생겨난 이유는 1장에서 언급한 대로 '정상적'이거나 중립적인 자세를 회복하고 궁극적으로는 발의 기능을 되찾기 위해서이다. 오늘날 보조기 산업은 1970년대에 최초로 발의 중립적인 자세를 규정한 머튼 루트(Merton Root) 박사의 연구에 바탕을 두고 있다. 물론 발을 중립 자세로 되돌린다는 것은 늘 가능한 일이 아니다. 기능성, 조절성, 기능성과 조절성의 조합, 이렇게 세 종류의 교정기가 있는 것은 그런 이유 때문이다.

기능성 교정기의 목적은 발의 기능을 조절하고 바꾸는 것이다. 이 기구는 보통 폴리프로필렌, 아크릴 섬유, 탄소섬유(그라파이트) 등 비정상적인 힘에 저항할 수 있는 견고한 소재로 만들어진다. 가끔 물리적인 사용과 보조기에 대한 요구에 따라 더 길어지거나 짧아질 수 있지만 일반적으로 5~10년간 사용할 수 있을 정도로 내구성이 있다. 기능성 발 교정기는 편평발이나 회내한 발을 교정하기 위해 많이 이용한다.

조절성 보조기는 충격을 완화하고, 상처나 궤양이 발생한 부위가 받는 압력을 덜고, 균형을 개선하기 위해 사용한다. 그림 16.2에서 보는 것처럼 이 기구는 발이 받는 압력과 마찰을 줄이기 위해 부드럽고 압축성 있는 소재로 제작한다. 아치가 높은 경직된

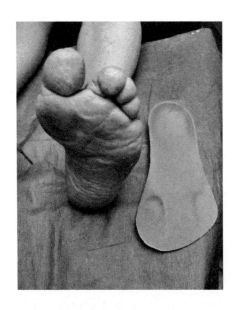

그림 16.2 이 조절성 보조기는 첫째와 다섯째 발허리뼈 머리 아래에 홈이 있다. 이 홈은 튀어나온 뼈 아래에 생긴, 통증을 유발하는 굳은살의 압력을 줄이기 위한 것이다.

발, 뻣뻣하고 운동성이 없고 관절염이 있는 편평발 혹은 발에 통증을 일으키는 피부 병변이 있는 사람에게 적당하다. 그뿐만 아니라, 당뇨병 환자같이 혈액순환 장애가 있거나 발 감각을 느끼지 못한다면 편의성 발 교정기로 효과를 볼 수 있다. 이 기구는 부드러운 소재로 만들어지므로 기능성 보조기에 비해 내구성이 떨어지며 1~3년마다 교체해야 한다.

그다음으로 소개할 발 교정기는 조절성과 기능성을 결합한 것이다. 일반적으로는 비교적 단단한 소재로 보강한 부드러운 판으로 제작한다. 이 혼합 보조기는 선수들이 주로 사용하지만, 발이 눈에 띄게 변형되어 기능성 발 보조기의 강도를 견디지 못하는 사람에게도 도움이 된다.

「 L자형 발목·발 교정기 」

발목-발 교정기는 아랫다리, 발목, 발을 고정하는 장치이다. L자 모양의 이 교정기는 주로 발가락 밑이나 발볼에서 시작하여 발밑을 지나 뒤꿈치를 감싸고 발목과 아랫다리 뒤쪽을 따라 올라가 무릎 아래까지 이어진다. 경우에 따라 발등과 발목 앞부분을 감싼 형태에 끈이 달린 것이 있는가 하면, 길이가 장딴지 근육 아랫부분에서 그치는 것도 있다. 신발은 교정기를 발에 부착하는 역할을 하며, 벨크로 끈은 발목 위나 무릎 아래에서 다리를 감아 주면서 교정기가 다리에서 벗겨지지 않게 해 준다. 다리 위쪽의 관절을 지지할 힘이 필요할 때는 무릎과 엉덩이까지 오는 길이로 제작할 수도 있다. 교정기는 대체로 신발 속에 꼭 맞게 들어가게 만든다.

발목-발 교정기는 많은 기능을 한다. 발과 발목의 운동을 조절하고 안정성을 제공하고 통증을 줄이고 체중을 다른 부위로 분산한다. 또한 유연한 발의 변형을 교정하는 한편 변형된 상태가 악화되는 것을 막아 준다. 그뿐만 아니라 보행의 효율을 높이고 발을 헛디딜 위험을 최소화하여 걸을 때 필요한 에너지를 절약하게 해 준다. 일반적으로 뇌졸중, 척수 손상, 근육퇴행위축, 뇌성마비, 다발성 경화증, 다리의 신경 포착 증후군을 비롯하여 근육 약화를 유발하는 장애를 가진 사람들에게도 도움이 된다. 더욱이 골절, 경직과 통증을 유발하는 관절염, 샤르코 신경 관절병, 무혈관 괴사, 힘줄염과 힘줄병증, 말초신경병의 경우 발과 발목을 고정하고 해당 부위의 체중 부담을 덜어 준다. 특히 발목과 발이 수술을 받을 수 없을 정도로 심각하게 변형된 사람에게 더욱 효과적이다.

발목-발 교정기는 기성품도 있지만, 그림 16.3에 보이는 아리조나와 리치 교정기같이 개인의 특수한 용도에 맞게 제작되는 것들도 있다. 일반적으로 교정기는 폴리프로필렌 같은 경량 소재로 만들어진다. 거기에다 금속, 가죽, 합성 섬유 혹은 이런 소재들을 혼합하여 제작한다. 보통 겉감과 안감에 부드러운 패딩을 대어 피부가 받는 압력과 마찰을 최소화한다. 발목-발 교정기의 정확한 용도와 상황에 따라 단단하거나 부드러운 소재가 사용된다. 단단하거나 고정된 보조기는 말 그대로 움직이는 부분이 없다. 이 교정기는 주로 약해지거나 마비된 부위를 지지할 목적으로 사용하게 된다. 유연하거나 동적인 교정기는 연결 장치가 있어서 발목 관절을 움직일 수 있다. 주로 금속으로 제작하는 유연한 교정기의 연결 장치는 발목을 원하는 만큼 움직이되 바람직하지 않은 운동은 제한할 수 있도록 설계할 수 있다. 예를 들어, 발을 정강이 쪽으로 들어올리지(발등 굽힘) 못한다면 교정기를 착용하면 이 동작을 하는 데 도움이 된다. 교정기는 또한 발목의 아래 방향 운동(발바닥 굽힘)을

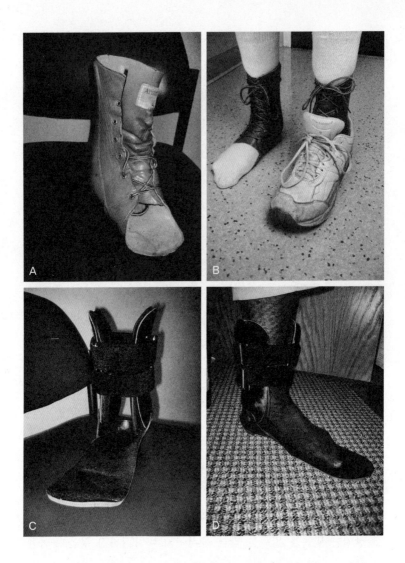

그림 16.3 맞춤 제작한 발목–발 교정기. (A) 아리조나 교정기 (B) 착용 후 신발을 신을 수 있는 아리조나 교정기로 발의 상하, 좌우 동작을 조절한다. (C) 리치 교정기 (D) 리치 교정기 역시 착용 후 신발을 신을 수 있도록 제작하여 발목 부위의 상하 동작과 발의 좌우 동작을 조절한다.

PART 3 특별한 발 문제를 가진 사람들

제한하거나 발을 교정한 자세로 유지하게 한다. 그 결과, 걷는 동안 발이 바닥을 강하게 치거나 발가락을 헛디뎌 넘어지는 것을 막아 준다.

아래 기관과 웹사이트는 발 문제와 그 치료에 관해 신뢰할 수 있는 정보를 제공하고 있다.

미국 스포츠의학 족부 아카데미 www.aapsm.org
미국 여성 족부 전문의 협회 www.americanwomenpodiatrists.com
미국 발/발목 수술 위원회 www.abfas.org
미국 발/발목 외과의협회 www.acfas.org
미국당뇨병협회 www.diabetes.org
미국족부의학협회 www.apma.org
e-메디슨 의학 용어 emedicine.medscape.com
발 건강 정보 www.foothealthfacts.org
마요 클리닉 의학정보 www.mayoclinic.com

다음은 한국에서 발 문제에 대한 신뢰할 수 있는 정보를 제공하는 곳이다.

대한족부족관절학회 www.fas.or.kr
대한정형외과학회 www.koa.or.kr
대한의사협회 www.kma.org
한국당뇨협회 www.dangnyo.or.kr

찾아보기

건강한 걸음을 위한 완벽한 길잡이

발의 신비

초판 인쇄 2018년 5월 1일 **초판 발행** 2018년 5월 11일

지은이 조너선 로즈, 빈센트 마토라나
편집 문형숙 **디자인** 신중호
펴낸이 천정한 **펴낸곳** 도서출판 정한책방 **출판등록** 2014년 11월 6일 제2015-000105호
주소 서울 마포구 모래내로7길 38 서원빌딩 301-5호
전화 070-7724-4005 **팩스** 02-6971-8784
블로그 http://blog.naver.com/junghanbooks **이메일** junghanbooks@naver.com

ISBN 979-11-87685-25-8 (03470)

책값은 뒷면 표지에 적혀 있습니다.
잘못 만든 책은 구입하신 서점에서 바꾸어 드립니다.

이 도서의 국립중앙도서관 출판예정도서목록(CIP)은
서지정보유통지원시스템 홈페이지(http://seoji.nl.go.kr)와
국가자료공동목록시스템(http://www.nl.go.kr/kolisnet)에서 이용하실 수 있습니다.
(CIP제어번호: CIP2018013345)